数字媒体技术创新发展研究

张瑞瑶◎著

吉林出版集团股份有限公司
全国百佳图书出版单位

图书在版编目（CIP）数据

数字媒体技术创新发展研究 / 张瑞瑶著 . -- 长春 : 吉林出版集团股份有限公司 , 2022.11

ISBN 978-7-5731-2761-7

Ⅰ . ①数… Ⅱ . ①张… Ⅲ . ①数字技术 – 多媒体技术 – 研究 Ⅳ . ① TP37

中国版本图书馆 CIP 数据核字（2022）第 220960 号

数字媒体技术创新发展研究

SHUZI MEITI JISHU CHUANGXIN FAZHAN YANJIU

著　　者　张瑞瑶
责任编辑　李　娇
封面设计　李　伟
开　　本　710mm × 1000mm　　1/16
字　　数　210 千字
印　　张　12.25
版　　次　2022 年 11 月第 1 版
印　　次　2022 年 11 月第 1 次印刷
印　　刷　天津和萱印刷有限公司

出　　版　吉林出版集团股份有限公司
发　　行　吉林出版集团股份有限公司
地　　址　吉林省长春市福祉大路 5788 号
邮　　编　130000
电　　话　0431-81629968
邮　　箱　11915286@qq.com
书　　号　ISBN 978-7-5731-2761-7
定　　价　74.00 元

前言

数字媒体兴起于 1995 年，是计算机技术、网络技术与媒体技术融合的产物。21 世纪以来，数字媒体成为以数字技术、网络技术与文化产业相融合产生的数字媒体产业。数字媒体产业在“十二五”“十三五”期间取得了长足的发展，围绕文化产业发展重大需求，运用数字、互联网、移动互联网、新材料、人工智能、虚拟现实、增强现实等技术，提升了文化科技自主创新能力和技术研发水平。数字媒体产业在增强文化产业创新力的背景下取得了蓬勃的发展。以数字技术、网络技术与文化产业相融合而产生的数字媒体产业，正在世界各地高速成长，被誉为经济发展的新引擎。数字媒体产业具有高技术含量、高人力资本含量和高附加值等特点，要发展具有竞争力的数字媒体产业，必须有数字媒体技术的支撑和引领。

数字媒体技术是通过现代计算和通信手段，综合处理文字、声音、图形、图像等信息，使抽象的信息变成可感知、可管理和可交互的一种技术，其主要是研究与数字信息相关的处理、存储、管理、传输、安全等相关理论、方法、技术、系统与应用。

数字媒体技术作为一种新兴和综合的技术，涉及和综合了许多学科和研究领域的理论、知识、技术和成果，广泛应用于信息通信、影视创作与制作、计算机动画、游戏娱乐、广告、出版、展示、网络应用及教育、医疗、建筑等各个方面，有着巨大的经济增值潜力，将成为国民经济新型支柱产业的核心技术。

本书共五章，第一章为数字媒体技术概述，重点阐述了数字媒体技术的定义、数字媒体技术的特点、数字媒体技术的内涵、数字媒体技术的应用领域；第二章为数字媒体采集制作技术，分别从数字媒体图像的技术、数字媒体音频的技术、数字媒体视频的技术、数字媒体动画的技术、游戏设计与开发的技术五方面内容进行了阐述；第三章为数字媒体内容管理技术，主要包括三部分内容，分别为数字媒体压缩的技术、数字媒体存储的技术、数字媒体资产管理的技术；第四章为数字媒体传输、传播技术，主要阐述了三部分的内容，依次是数字媒体输入的技术、数字媒体输出的技术、数字媒体传播的技术；第五章为数字媒体技术的创新发展，主要从数字媒体技术创新的受众、数字媒体技术创新的发展趋势、数字媒体技术创新的路径探索三个方面进行了阐述。

在撰写本书的过程中，作者得到了许多专家学者的帮助和指导，参考了大量的学术文献，在此表示真诚的感谢。本书内容系统全面，论述条理清晰、深入浅出，但由于作者水平有限，书中难免会有疏漏之处，希望广大读者与同行及时指正。

张瑞瑶

2022 年 5 月

目　录

第一章　数字媒体技术概述

数字媒体技术是一门综合计算机技术、通信技术、视听技术和信息技术成果的技术，是信息社会发展的一个新方向。本章节分别从数字媒体技术的定义、数字媒体技术的特点、数字媒体技术的内涵和数字媒体技术的应用领域进行阐述。

第一节　数字媒体技术的定义

媒体在计算机中有两种含义：一是指用于存储信息的实体，如纸张、磁盘、光盘等；二是指信息载体，如文本、声音、图像、图形、动画等。此外，用于传播信息的电缆、电磁波等被称为“媒介”。

数字媒体是一门科学与艺术相结合的交叉学科，也就是将信息传播技术运用到文化、商业、艺术、教育、管理领域之中。目前，数字媒体已经成为信息社会中最新且被广泛应用的信息载体，毫不夸张地说它已经融入人们社会生活中的方方面面。一般情况下，数字媒体主要采用的是二进制的方式来记录、处理、传播以及获取信息载体，这些信息载体主要包括数字化的文字、图像、声音、动画等。同时，用电子信息来表示这些逻辑媒体，并存储、传输、显示逻辑媒体的实物媒体。

所谓数字媒体技术主要指的是数字化的媒体技术，它是一种新型的媒体信息技术。具体来讲，数字媒体技术主要建立在计算机信息处理技术的基础上，并以此对图像、文字、声音等进行转化和传输。此外，数字媒体技术主要是以信息科学与数字化技术为指导，一般情况下，数字化的应用模式和方法具有较高的操作性，同时其表现形式也丰富多彩，为此，数字媒体技术在社会生活中得到了广泛应用。

从某种意义上来讲，数字媒体技术主要是融合通信手段和现代计算技术，对文字、图像、声音等信息进行处理，从而使原本抽象的信息具象化，使人们便于感知、管理与交互。具体来讲，数字媒体技术是一个将多个学科与计算机综合应用融合的技术，如音频视频处理技术、图像压缩处理技术、计算机软硬件技术、人工智能和模式识别技术、信号的数字化处理技术等。就目前数字媒体技术发展情况而言，其研究内容主要涉及与数字媒体信息获取、处理、传播、存储、管理以及安全等相关的理论、技术、方法、系统等。

数字媒体技术在全球范围内持续、快速地发展，应用领域遍及各行各业，应用形式各具特色，既有精深的技术实现，也有精美的艺术呈现，而究其实质，则不外乎都是采用数字方式对广义的媒体信息进行特定目的的处理或进行涉及多学科领域交叉融合的综合处理。

第二节　数字媒体技术的特点

一、数字化

数字化是数字媒体的主要特点，它以比特（bit）的形式进行数字媒体中的信息处理、存储以及传播。无论是黑与白，还是真与假，都可以以 0 和 1 的形式存在。之所以采用这种方式，主要是因为比特容易被复制，这样便可以实现信息的快速传播，并且信息可以在不同的媒体之间相互混合。

二、多样性

数字媒体涉及文字、图形、图像、动画、影视、语音及音乐等各种媒体信息，因此，数字媒体技术通常需要对多种媒体信息进行综合处理，使得计算机处理的信息空间扩展并放大。

三、集成性

数字媒体技术是一种结合多种媒体资源的应用，如图形、文字、图像、影视、动画、声音等，同时它也是建立在数字化处理的基础之上的。正因如此，数字媒体技术所涉及的技术十分广泛，从而使其需要多种技术及相关设备的集成。

四、交互性

通常情况下，数字媒体需要向用户提供使用、控制信息的交互手段，这样可以在无形中增加用户对信息的关注与理解，进而延长信息的保留时间。在模拟域中，无论是自然与人机交互技术，还是面向不同应用的互动业务模式都很难实现，但是在数字媒体领域中却很容易实现这些交互性能。

五、实时性

数字媒体技术的传播载体为现代网络，从而使其信息传输具有实时性。另外，流媒体的出现进一步提升了数字媒体技术信息传输的实时性，如电子商务、电子政务、远程医疗、远程教育以及视频会议等。

六、趣味性

随着信息技术的快速发展，互联网、数字电视、IPTV 以及移动流媒体等为人们提供了广阔的娱乐空间，进一步丰富了媒体的趣味性。例如，人们在观看体育比赛时可以选择不同的视角，又如人们实时参与电视互动节目等。除此之外，各类数字游戏的出现也在无形中增添了用户的趣味性。

七、艺术性

数字媒体技术可以使某些艺术作品呈现出令人震撼的艺术效果，比如 2008 年北京奥运会开幕式的巨幅卷轴画册、2010 年上海世博会中国馆的动画版清明上河图等。

众所周知，信息技术与人文艺术有着天壤之别，但是二者之间却因数字媒体传播产生了联系，这在一定程度上表明数字媒体传播涉及人文艺术与计算机技术相融合的领域。

八、主动性

数字媒体的多样化表现使得广大受众群体对媒体信息变被动接受为主动参与，媒体资源可以定制，可以自行编辑修改，可以自行发布（自媒体）。

九、交叉性

正如上文所言，数字媒体技术涉及多个学科领域的交叉融合，其中包括计算机软件、图像处理、视频分析、数字通信以及人工智能等。

第三节 数字媒体技术的内涵

一、多媒体技术

传统的媒体主要包括广播、电视、报纸、杂志等，随着计算机技术的发展，在传统媒体的基础上，逐渐衍生出新的媒体，如 IPTV、电子杂志等。计算机逐渐成为信息社会的核心技术，使得计算机的多媒体技术得到人们越来越多的关注和应用。

通常情况下，人们认为多媒体是多种媒体的综合，但是多媒体并不是多种媒体的叠加，实际上多媒体是数字控制和数字媒体的汇集。所谓的多媒体技术主要指的是将文本、图像、声音以及视频等信息内容结合在一起，并运用计算机进行处理的信息技术。

二、数字媒体艺术

20 世纪末，数字技术与艺术设计得到了快速地发展，同时二者逐渐趋于融合，正是在这种背景下形成了数字媒体艺术，它是一个集自然科学、社会科学以及人文科学的综合性学科，集中体现了“科学、人文、艺术”的理念。目前该学科隶属于交叉学科，它所涉及的内容也十分广泛，如艺术设计、数字图像处理技术、交互设计、计算机图形学以及计算机语言等。从“数字媒体艺术”字面上可以看出，该学科是以科技作为基础，即“数字”，而“媒体”则反映了该学科立足于媒体行业，“艺术”则表明该学科主要针对的是艺术作品创作和设计领域。从某种意义上来讲，数字媒体艺术是一个真正的技术类艺术，它不仅建立在技术的基础之上，也以技术为核心。

数字媒体艺术融合了多种学科元素，并有效地将艺术与技术融合在一起，进而消除了技术与艺术之间的边界。此外，技术在艺术作品创作中的重要性日益提升，使数字媒体艺术形成了一些特征，具体如下：

（一）数字化的创作和表达方式

无论是数字媒体艺术的创作工具，还是其展示手段，都与计算机技术有紧密的联系。具体来讲，计算机软件是数字媒体艺术的主要创作工具，而计算机硬件和投影设施则是其展示手段。

（二）多感官的信息传播途径

数字媒体艺术的多感官传播途径并不是生硬地干预人体的感受，它强调的是在融合过程中保留各个感官的差异性，并最大可能地实现多种感受的同一性和多元化。

（三）数字媒体艺术的交互性和偶发性

由于数字媒体艺术的交互性具有一定的偶发性，为此，在无形中改变了传统静态作品一成不变的情况，提升了艺术的表现力，与此同时，人们更加关注于界面上的交流和沟通。从某种意义上来讲，数字媒体艺术的互动特征为观众带来了更多的自由权利，使他们如身临其境般感受艺术的魅力。

（四）数字媒体艺术的沉浸特征和超越时空性

数字媒体艺术还具有沉浸感的特征，该特征与交互性具有同等的地位。沉浸感可以打破时间、空间的限制，让观众随时随地欣赏数字媒体艺术。在数字媒体艺术环境下，我们利用计算机技术将虚拟的内容代替实物，观众在欣赏时，依然可以获得身临其境的真实感受。此外，数字化虚拟现实技术也拓宽了艺术家的视野，使他们获得更宽广的艺术创作范围，同时，其艺术创作也可以摆脱时间、空间的限制。

（五）新媒体艺术的创作走向大众化

在传统艺术创作背景下，艺术家不仅需要具有扎实的艺术基本功，同时还要具有独特的创作风格，但是在数字媒体艺术环境下，艺术创作逐渐实现大众化。接下来我们以摄影艺术为例，将其与传统艺术和数字媒体艺术进行比较。在传统摄影艺术中，暗房技术的掌握十分关键，同时，其技术的掌握不仅需要经过长期的训练，还要对光的运用有较好的把握。此外，传统摄影艺术中的修片工作也是一个技术性较强的工作，它属于艺术的二次创作。但是随着数码摄影技术的快速发展，摄影艺术逐渐走向大众。人们通过利用 Photoshop 软件对图像进行处理，这就轻松完成了传统摄影艺术中的暗房环节，为此，摄影艺术不再那么的神秘，逐渐成为一种大众艺术。

（六）数字媒体技术的重要性凸显

通常情况下，艺术的实现需要建立在技术的基础上，但是由于受传统艺术感染力的影响，导致人们忽视了技术在艺术中的作用。然而随着科学技术的快速发展以及数字媒体艺术的诞生，技术与艺术之间的联系逐渐加强，人们也逐渐认识到技术在艺术创作中的重要性。从整体上来讲，当前艺术对技术的依赖性日益提升，所以，技术成为艺术中不可或缺的一部分。

第四节　数字媒体技术的应用领域

一、教育培训

随着数字媒体技术的不断发展，越来越多的数字媒体技术被应用在教育领域。因为数字媒体能够将视听合一功能与计算机的交互功能紧密地结合在一起，产生丰富多彩、图文并茂的人机交互方式，有效地激发了学习者的学习兴趣。在这种学习环境中，学习者可以按照自己的学习兴趣选择自己所学的内容，灵活练习，提高主动参与的机会，充分激发了学生的学习欲望。另外，利用数字媒体技术可以开发远程教育系统、网络多媒体资源以及制作数字电视节目等。这些资源的开发改变了传统的教学手段和方式，学习者利用图文并茂、丰富多彩的学习资源可以愉快学习，体验交互学习的快乐。

二、电子商务

网络信息时代带来了国际贸易的巨大变革，无纸贸易已经成为当前国际贸易的主流。国际通用的标准和有关合同可以通过国际计算机网络进行传送和交易，这大大提高了交易和合同执行的效率。商家通过互联网与其他商家进行通信，节省了很多资源和输出成本，提高了工作效率。同时，数字媒体技术成为商家推销自己的绝佳手段，因为数字媒体技术图文并茂，集声像于一体，可以激发顾客的购买欲望。网络信息传输速度很快，覆盖面广，网络电子广告在未来的广告业中将占领先地位，因为它可以迅速地将信息传递给顾客，利用多种媒体感受加深顾客对公司和产品的印象。另外，开发电子商城，实现网上交易，已经是当前电子商务发展的一个普遍趋势。

三、信息发布

随着信息网络的快速发展，网络逐渐成为学校、企业等组织单位的重要工作手段，为了方便发布信息，他们成立了自己的信息网站。一般情况下，学校、企业等组织单位开设自己的网站主要是为了宣传、展示自己，而想要达到这一目的，就离不开数字媒体技术的运用，利用大量的媒体资源可以让外界更好地了解自身的历史、发展现状以及发展前景，进而提升自身的知名度。从企业的角度来讲，数字媒体技术的应用可以帮助其寻求合作伙伴，也可以为公司产品销售助力；从学校角度来讲，数字媒体技术的应用可以很好地向学生、家长介绍学校的专业设置、教师资源以及课程计划等情况，也可以进行网上报名；从个体角度来讲，他们可以建立自己的主页和空间，如微博等，通过定期更新作品、网上互动的方式，获得预期的效果。

四、娱乐

在数字媒体环境下，人们的生活娱乐方式也发生了翻天覆地的变化。由于数字媒体具有交互性、传播性强以及多样性等特征，其成为一种新型的娱乐方式。例如，数字动漫、数字电影以及数字游戏等。

随着数字媒体的快速发展，数字游戏犹如一匹黑马，与电视、音乐并称为三大娱乐业。近年来，数字化网络游戏平台迅速发展并快速占领游戏市场，它比传统游戏具有更为明显的优势，如跨媒介特性、历史发展性等。此外，在数字媒体快速发展的环境下，数字动漫市场也得到快速发展，目前美国和日本是世界上的动漫大国，其动漫产业遍布全球。另外，数字影音产业也迎来了发展高峰期，同时其表现形式也呈多样化发展，如网络电视、直播卫视电视、电视博客、视频点播等，这些都在无形中丰富了人们的娱乐方式。除此之外，数字电影也到了蓬勃发展的时期，利用计算机技术可以做出传统电影无法完成的镜头，也可以使现有的镜头画面更加完美。与此同时，数字电视也得到了较好的发展，它将传统的模拟电视信号经过抽样、量化、编码转换成二进制代表的数字信号，并在此基础上进行各种功能的处理、传输与存储。具体来讲，数字电视技术主要融合了计算机、图像处理以及通信技术，所以数字电视的图像更加清晰、逼真，而且数字电视所支持的业务也要多于传统电视。在数字电视的影响下形成了数字电视广告传播方式，这引发了广告传播模式的变革。

从某种意义上来讲，一个国家数字媒体的发展程度往往反映了该国传统产业升级换代、信息技术创新以及信息服务等方面的综合实力。数字媒体为新型娱乐方式的发展提供了广阔的空间。

五、数字出版

数字出版指的是在出版过程中将所有要出版的信息内容以二进制代码的形式存储在相关设备之中，如光盘、磁盘、网络等，信息的传输则需要借助计算机设备。一般来讲，数字出版主要包括三个方面：印前数字化、印刷数字化、印后数字化。首先，印前数字化。它主要强调的是在印刷前将所有的工作程序（组稿、审稿、图文混排、制版等）实现数字化，如编辑数字化、处理数字化、制作数字化等。其次，印刷数字化。印刷数字化主要指的是利用数字化印刷设备，如数字印刷机、数字纸等设备、工具进行印刷等。最后，印后数字化。它主要强调的是将出版物以数字化的形式呈现在用户面前，如网络出版物、电子书等。另外，印后数字化还特指数字化发行，如网上书店等。

第二章　数字媒体采集制作技术

本章节为数字媒体采集制作技术，主要包括五节内容，依次是数字媒体图像的技术、数字媒体音频的技术、数字媒体视频的技术、数字媒体动画的技术、游戏设计与开发的技术。

第一节　数字媒体图像的技术

一、数字媒体图像技术的基础知识

（一）数字媒体图像的定义和性质

数字媒体图像指的是以数字形式表示的图像，它实际上是一个被采样和量化后的二维函数（x，y），该二维函数由光学方法产生，通常采用等距离的矩形网格对二维空间的光强度分布情况进行采样，并对采样值（幅度）进行等间隔量化。因此，一幅数字图像就是一个被量化了采样数值的二维矩阵。如图 2-1-1 所示，是物理图像与数字图像的对应关系。

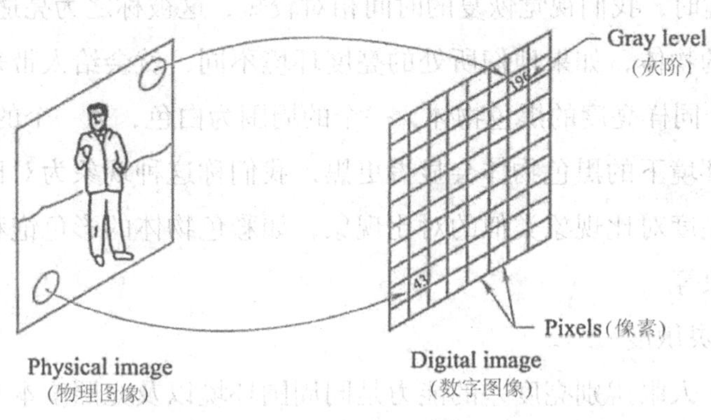

图 2-1-1　物理图像与数字图像的对应关系

由图 2–1–1 可知，构成数字图像的每一个元素（像素）都具有特定的位置和幅值，其中位置相当于函数 $f(x, y)$ 的空间坐标，幅值则代表该位置所对应像素的灰度值。由于采样和量化的原因，(x,y) 坐标须为整数坐标，值也须为整数值，因此，一幅数字图像所包含的原物体的信息进一步减少。

不难想象，相对于表现原物体的原始图像来说，数字图像的像素数越多，越容易反映原始图像的细节（分辨率高），图像画面越清晰；每一个像素使用的比特数越多，该像素所对应的灰度值范围越宽，图像的灰度层次越丰富。当单个像素的面积一定时，构成一幅数字图像的像素数越多，其对应的图像幅面越大。当整幅图像的幅面一定时，若要求图像画面更清晰，所需的像素数就应更多，同时单个像素的面积就会越小。由于单个像素的面积受半导体感光器件技术的限制不能太小，因此，高分辨率特别是超高分辨率成像设备的图像传感器感光靶面尺寸一般都比较大。

（二）数字媒体图像的基础

1. 人眼视觉特性

一般情况下，人的视觉系统主要有成像、图像传输、图像理解三大主要功能。人主要是通过光的反射、传输作用来感受图像的灰度、色调、对比度、结构以及变化。通常情况下，人眼的视觉具有以下几个特性：

（1）眼的适应性

当我们从一个强光环境进入一个弱光环境时，我们通常需要经过几分钟的时间才能适应弱光环境，这被称之为暗适应性；相反，当我们从一个弱光环境中进入一个强光环境时，我们视觉恢复的时间相对较短，这被称之为亮适应性。此外，对于同一亮度的物体，如果他们所处的亮度环境不同，就会给人带来不一样的主观感觉，如两个同样亮度的黑色物体，一个的周围为白色，另一个的周围为灰色，那么处于白色环境下的黑色物体会显得更黑，我们称这种现象为对比现象。除此之外，也有和亮度对比现象类似的对比现象，如彩色物体的彩色饱和度对比现象和色调对比现象等。

（2）对比灵敏度

实验表明，人眼辨别亮度差的能力是同周围环境以及光照度本身的大小有关的。人眼可以区分的量度级为 150～250。例如，对黑白图像进行 8bit256 级量化就是据此而来的。

（3）分辨力

人眼分辨景物细节的能力称为分辨力或视力。在人眼正前方放置两个发光点，当距离逐渐增大时，人眼就无法分辨出这是两个发光点，这就说明眼睛分辨景象细节的能力有一个极限值。将这个极限值用两个光点中心对眼睛所成的最小视角定义为视敏角 θ，视力就是 θ 的倒数。分辨力与背景亮度、被观察物体的运动速度以及色彩有关。当背景太亮，以至与物体接近时，分辨力便会降低；当物体运动速度增大时，分辨力也会下降。人眼对彩色的分辨力比对亮度的分辨力要差，如果以分辨力为 1，则黑红为 0.4，绿蓝为 0.19。

（4）马赫效应

当亮度发生跃变时，视觉上会感到边缘的亮侧更亮些，而暗侧更暗些，此现象称为马赫效应。

（5）视觉惰性

视觉惰性主要体现在人的主观亮度感觉，往往与光的作用时间相关。具体来讲，在同样亮度的条件下，人们会感觉对人作用时间较长的光要比作用时间较短的光更亮一些。另外，如果在光作用时间相同的情况下，一段时间之后，人们会感觉光的亮度一样。此外，人眼的亮度感不会随着光源的消失而立即消失，它有一定的过渡时间，我们将其称为视觉暂留。利用“视觉暂留”这一特性，我们可以将每秒 24 帧的电影画面制作成动作连续的电影。一般情况下，如果帧的重复频率过低时，人会产生闪烁感，我们将不引起人闪烁感的最低频率称为临界闪烁频率，它略低于 24Hz。

（6）可见度阈值

所谓的可见度阈值指的是划分可见干扰和不可见干扰的临界值，即低于阈值的干扰是不会被我们发现的。当某一像素的亮度出现较大变化时，其可见阈值就会增大。例如，在一个亮度变化较大的边缘上，其边缘处的阈值要远远高于远离边缘位置的阈值。换句话来讲，边缘掩盖了边缘临近像素的信号干扰，我们将这种现象称为视觉掩盖效应。通常情况下，边缘掩盖的效应与边缘出现的时间长短以及运动情况有很大关系，且二者呈正相关关系，即边缘出现的时间越长，边缘掩盖效应就越好。但是当图像完全出现在视网膜上时，掩盖效应便显得微乎其微。从某种意义上来讲，可见度阈值、视觉掩盖效应对图像编码量化器的设计有十分重要的作用。同时合理利用人眼的这一视觉特性，可以容忍图像边缘区域的量化误差，从而减少量化级，降低数字码率。

人眼的视觉系统就好比是一个图像处理系统，图像信息通过人的眼睛进入视觉系统，再通过视觉系统的一系列处理到达人脑，形成最终的影像。但由于人眼的视觉系统对图像的认识是非均匀和非线性的，并不是对图像中的任何细微变化都能精确的感知。因此，我们可以利用人眼的上述视觉特性来忽略一些图像中的细节，从而达到压缩数字图像的目的。

2. 色彩模型

通过光来刺激人的视觉神经，可以让人感受图像中的色彩，一般情况下，可以使人产生视觉的光的波长在0.4～0.7微米之间，我们又将其称之为“可见波段”。在不同波段的作用下，人们可以感受不同的色彩。

从某种意义上来讲，亮度和颜色属于一种感觉属性，即人眼对可见光的强度、波长的具体感受。通常情况下，我们会以亮度（I）、色调（H）和饱和度（S）来表达彩色。首先，亮度与观察物的发光强度有密切关系；其次，色调是人们对可见波长的视觉感受，它不仅反映了色彩的种类，同时也决定了色彩的基本特性；最后，饱和度指的是色彩的纯度，换句话来讲就是色彩的深浅程度。如果统一色度的颜色，饱和度越深的色彩就显得越鲜明。一般情况下，我们将色调、饱和度统一称之为色度，所以亮度主要强调的是色彩的明亮程度，而色度则指的是色彩的深浅。

自然界中几乎所有的色彩光，都可由三种基本色彩光按不同比例相配而成，同样绝大多数的色彩也可分解成三种基本色光，这就是色度学中最基本的三基色原理。国际照明委员会（CIE）选择红（R）、绿（G）、蓝（B）三种色彩光为三基色，即RGB颜色系统。现在主流的色彩模型主要有以下四点：

（1）RGB色彩模型

RGB色彩模型利用红、绿、蓝三种不同的色彩组合相加形成各种其他色彩。从理论上来看，任何一种色彩都可以通过这三种色彩进行不同比例的混合来得到。某一种色彩和这三种基色的关系可用下列公式表示：

色彩 =R（红色所占百分比）+G（绿色所占百分比）+B（蓝色所占百分比）

当三基色分量都为 0 时混合为黑色光，当三基色分量都为最强时混合为白色光。调整三色系数中的任何一个系数都会改变色彩的色值。RGB 颜色空间采用物理三基色表示，适合彩色显像管工作。

（2）CMY 色彩模型

CMY 色彩模型与相加混色法有所不同，如在印刷、彩色胶片以及绘图中采用的是相减混色法，即将不同色彩的墨水或颜料混合在一起得到相应的颜色，然后利用颜料、染料的吸收性来实现。一般情况下，相减混色法中常使用的颜色有青色、黄色、品红三种，CMY 色彩模型就由此而来。通过对 CMY 色彩模型颜色形成原理的分析，我们不难发现该种方法所显示的颜色并不是直接来源于光线自身的色彩，而是光线中的色彩被吸收掉一部分，然后把剩余部分反射回来所产生的。所以，在相减混色法中，如果光线全部被吸收，那么体现的颜色为黑色，如果光线全部被反射回来，那么所体现的颜色为白色。

如果单从理论的角度来看，将青色、品红、黄色按照一定的比例配比就会形成黑色，但是当前的生产工艺还不够完善，其最终也只能制作出暗红色的油墨，但是目前黑色是印刷中最常用的颜色，所以人们在油墨中往往会加入黑色油墨，这也就形成了 CMY（K）色彩混合模型。

RGB 模型与 CMY（K）模型的区别：RGB 模型是一种发光的色彩模型，例如在一间黑暗的房间里，我们可以看到投射在墙壁上的光斑；CMY（K）是一种依靠反光的色彩模型，例如，在黑暗房间里我们是无法阅读报纸的，我们之所以能够看到报纸上的内容是因为有光照射到报纸上，再反射到我们的眼中。

综上，在屏幕上显示的图像，就是 RGB 模型表现的；在印刷品上看到的图像，就是 CMY（K）模型表现的。例如，显示器、投影仪、扫描仪、数码相机等属于 RGB 模型；期刊、杂志、报纸、宣传画等，都是印刷出来的，那么就属于 CMY（K）模型。

（3）YCbCr 色彩模型

YCbCr 是视频图像和数字图像中常用的色彩模型，是常用于彩色图像压缩时的一种表色系统。Y 为亮度，Cb 和 Cr 共同描述图像的色调，其中，Cb、Cr 分别为蓝色与亮度（B–Y）和红色与亮度（R–Y）的差异信息。

（4）YUV 和 YIQ 色彩模型

目前彩色电视机系统中的色彩处理器为三管彩色摄像机和彩色电荷耦合器件摄像机。在获得彩色图像之后，通过利用粉色棱镜将其分成三个分量的信号，然后对这些信号进行放大、校正，获得 RGB 信号，随后再经过矩阵变换电路获得亮度信号 Y 和色差信号 R-Y、B-Y，最后由发送端将获得的亮度信号和色差信号做编码处理，并发送出去，这就是常用的 YUV 彩色空间。

YUV 彩色空间技术的关键是将亮度 Y 与色度 U、V 分割开来，如果电视机只能接收亮度 Y 信号，而无法接收色度 U、V，那么电视图像只能显示黑白色。从某种意义上来讲，YUV 彩色空间技术的应用就是为了解决黑白电视机与彩色电视机兼容的问题，通过这一技术可以使黑白电视机接收彩色电视信号。

美国、日本等国选用 YIQ 彩色空间，Y 仍为亮度信号，I、Q 仍为色差信号，但它们与 U、V 是不同的，其区别是色度向量图中的位置不同。人眼的彩色视觉特性表明，人眼分辨红与黄之间色彩变化的能力最强，而分辨蓝与紫之间色彩变化的能力最弱。在色度向量图中，人眼对于处在红、黄之间，相角为 123° 的橙色及其相反方向相角为 303° 的青色，具有最大的彩色分辨力。

各个色彩模型有其自身的优势，借助于这些色彩模型之间的转换方式，就可以将复杂的运算转换为简单的操作。

（三）数字媒体图像技术的特点

1. 信息量大

以数目较少的电视图像为例，它一般是由 512×512 个像素、8 比特组成的，其总数据量为 512×512×8=2097152 比特 =262144 字节 =256KB。

这样大的数据量必须由计算机处理，且计算机内存容量要大。为了运算方便，常需要几倍的内存。

2. 占用频带宽

通常情况下，传真、电话、电报等语言信息的带宽较小，仅有 4KB 左右，然而图像信息的带宽要大 3 个数量级。例如，普通电视的带宽一般为 6.5MB，这相当于一般语言带宽的 14 倍，由此可以看出，解决频带压缩技术显得尤为重要。

3. 相关性大

一般情况下，图像中的相邻像素之间并不是独立存在的，它们之间有密切的关系，此外，有的时候大片大片的像素之间也会存在相同的灰度或者相近的灰度。以电视画面为例，通常情况下电视中的前后两个画面之间的相关性系数高达0.95以上，这使电视具有较大的图像信息压缩潜力。

4. 非客观性

最终接受图像信息的是人的视觉系统，但是由于受外界环境、视觉特性以及情绪、精神状态等方面因素的影响，图像信息以及人的视觉系统的复杂性，所以，务必要做到图像系统与视觉系统良好匹配，这在一定程度上促使我们要加快对图像统计规律以及视觉特征的研究。

（四）图像的数字化

一般情况下，自然界中最原始的图像具有连续性，也就是说它本身并非以数字化的形式存在，所以在对这些图像进行处理时，需要先对其进行数字化处理。通常情况下，图像的数字化过程主要通过三个步骤完成，即采样、量化、编码。

1. 采样

从本质上来讲，采样就是用多少点来描绘一幅图像，一般情况下，我们采用分辨率来衡量采样结果的质量。换句话讲，对二维空间上的连续图像在水平和垂直方向进行等距离分割，呈现出矩形的网状结构，这些网状结构所形成的微笑方格便被称之为像素点。通常情况下，一幅图像会被采样成有限个像素点。

对于连续函数图像$f(x, y)$进行空间离散化处理，也就是说顺着x方向，按照等间隔△x取样，其取样点数为N，同时顺着y方差能，按照等间隔△y取样，其取样点数为N，而后得到一个N×N的离散样本阵列$[f(m, n)]$ N×N。从某种意义上来讲，采样点的间隔距离十分重要，它在一定程度上决定了采样结果是否可以真实反映原图。通常情况下，如果原图色彩越丰富、画面越复杂，那么其采样间隔应越小。为了最大程度上使采样后的图像反映原图像，取样的密度，即间隔△x与△y务必满足奈奎斯特（Nyquist）定理，与此同时采样的频率务必大于或等于原图像最高频率分量的两倍。从实际上来讲，空域图像$f(x, y)$一般情况下是有限函数，所以它的频域带宽不可能为有限的，这也导致数字图像与原图像之间始终存在一定的失真。

2. 量化

取样是对图像函数 $f(x, y)$ 的空间坐标进行离散化处理，量化是对每个离散点（像素）的灰度或色彩样本进行离散化处理。量化就是将取样后的图像的每个像素的取值范围划分成若干区间，并且仅用一个数值代表每个区间中的所有取值。从人眼视觉特性的讨论中可以看出，为了从量化的样本中恢复出的图像能够被人接受，一般情况下，需要使用 100 多个量化级。我们一般将量化过程中所确定的离散取值个数称为量化级数。此外，我们还将表示量化的色彩值、亮度值的二进制位数称为量化字长，通常情况我们会用 8 位、16 位、24 位等来表示图像的颜色。从理论上来讲，量化字长越长越能真实地反映原图像的颜色，但是图像容量也会随之增加。

最简单和最常用的量化方法是均匀量化，即每个量化判决阈值间的间隔是相等的；反之，则是非均匀量化。量化级的多少及每个量化间隔的确定，主要根据图像或图像的局部特性、人眼的视觉性和对量化误差的要求折中考虑。量化也可以采用矢量量化方法。

图像经过这样的采样和量化之后，在一幅空间上表现为离散分布的有限个像素，灰度取值上表现为有限个离散的可能值的图像称为数字图像。只要水平和垂直方向采样点数足够多，量化比特数足够大，数字图像的质量会毫不逊色于原始模拟图像。

3. 编码

经过数字化处理后的图像，其数据量十分大，为了方便传输和存储需要利用编码技术对其信息量进行压缩，这也是实现数字图像存储与传输的关键。目前，已经有很多的编码算法被应用于图像压缩领域，如变换编码、分析编码以及小波变换图像压缩编码等。

如果需要对图像进行高比率的压缩，就会涉及较为复杂的图像编码技术。图像编码技术之间需要一个共同的标准作为基础，只有这样被压缩的图像才能兼容于各个系统，否则将不能兼容，同时也会增加系统之间连接的困难。

为了进一步推动图像压缩标准的标准化建设进程，20 世纪 90 年代国际标准化组织（ISO）、国际电工委员会（IEC）、国际电信联盟（ITU）共同制定了多项静止和活动图像编码的国际标准，如 H.261、JPEG 标准等。

二、数字媒体图像的识别技术

（一）数字媒体图像的识别过程

简而言之，图像识别就是首先对图像进行特殊的预处理，然后利用分割、描述等方法提取图像中的有效特征，进而对其进行判决分类。截至目前，图像识别共经历了三个阶段，即文字识别、图像处理与识别、物体识别。1950 年，人们开始研究文字识别。通常情况下，文字识别的对象主要有字母、数字以及符号。此外，文字识别也经历了印书文字识别到手写文字识别的过程，目前在各个领域得到广泛应用，同时人们也研制了很多文字识别设备。关于图像处理与识别技术的研究起始于 1965 年，当时人们主要研究的是照相技术、光学技术，而当下人们主要研究的是计算机技术。在计算机技术环境下，人们可以极大程度上消除图像的失真，进而进行图像的判断、分析。

具体来讲，典型的图像识别系统可以细分为三个主要部分，如图 2-1-2 所示。

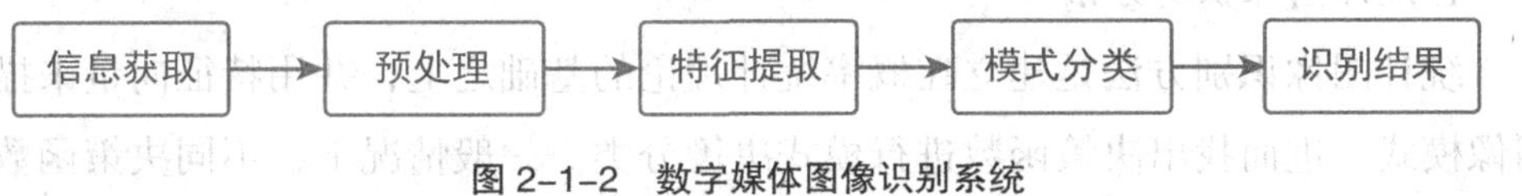

图 2-1-2 数字媒体图像识别系统

1. 图像信息的获取

从某种意义上来讲，图像信息的获取好比是对研究对象进行调查与了解，并从中获得相应的数据和材料；从图像识别的角度来讲，就是用光电扫描设备将图片、底片、文字图形等图像信息转换为电信号，为后续的处理做准备。

2. 图像的预处理

图像的预处理主要指的是采用各种数字图像处理方法，对原始图像中的噪声、畸变进行处理，从而提升图像的特征。此外，如果图像中包含多个目标，那么就需要对其进行分割，将其分成若干个部分，且每个部分仅含一个目标区域。

3. 特征提取

一般情况下，有很多元素可以描述对象，但是为了最大程度上节约资源，合理利用计算机，在满足分类识别正确率的基础上，依据一定的准则尽量选用正确且分类识别作用大的特征，实现用较少的特征完成更多的分类识别任务。这项工作主要表现为减少特征矢量的维数、符号以及串字符数、简化图的结构。

4. 判决或分类

判决或分类主要是按照所提取的特征，将前一部分的特征向量空间映射到类型空间，同时将相应原图归属已知的一类模式，换句话来讲就是人们由感性认识上升到理性认识，并做出结论的过程。通常情况下，判决或分类与特征提取方式有十分紧密的关系，同时，它们的复杂程度也直接受特征提取方式的影响。

我们可以将前三部分归于图像处理范畴，而第四部分则属于模式识别范畴。另外，我们也将图像的预处理、特征提取称之为低级处理，而判决与分列被称之为高级处理。无论是哪一部分都会影响最终的识别结果，为此，我们应尽量将每一部分做到完美。

（二）数字媒体图像的识别方法

图像识别问题的数学本质属于模式空间到类别空间的映射问题。目前，在图像识别的发展中，主要有以下四种识别方法：

1. 统计图像识别方法

统计图像识别方法是建立在概率统计理论的基础之上，并用特征向量来描述图像模式，进而找出决策函数进行模式决策分类。一般情况下，不同决策函数下会产生不同的模式分类方法，如判别类域代数界面法、聚类分析法、统计决策法等。从某种意义上来讲，统计方法未能重视图像中被识别对象的空间关系（结构关系），为此，如果被识别对象的机构特征为主要特征时，统计方法将很难对其进行识别。

2. 句法（或结构）图像识别方法

从某种意义上来讲，这种方法是对统计识别方法的补充。一般情况下，统计识别方法主要是通过数值来体现图像的特征，而句法图像识别方法则是采用符号的方式来描述图像特征。具体来讲，句法图像识别法在一定程度上模仿了语言学中的句法层次结构，将原本复杂的图像分成多层简单图像或单层图像。此外，句法图像识别法主要是为了识别对象的结构信息。句法图像识别方法不仅被应用于景物分类，同时也被应用于景物分析、物体结构识别等。

3. 模糊图像识别方法

模糊图像识别方法主要是建立在模糊数学的基础之上，在图像识别的过程中，往往会遇到一些较为复杂的情况，而且也没有具体的标准对其进行判断。将判断事物特征的二值逻辑转换为连续值逻辑，进而用模糊的方式来描述复杂的系统，得出模糊的识别结果。目前，人们也提出了许多模糊图像识别方法，如接近原则、模糊聚类分析法、最大隶属原则识别法等。

4. 神经网络图像识别方法

神经网络图像识别方法是建立在神经网络算法的基础之上。人工神经网络具有独特的优势，如高度容错性、信息分布式存储以及大规模自适应并行处理等。人工神经网络的优势是进行图像识别的前提与基础，尤其是它的高度容错性和超强的学习能力，这提升了不确定图像识别的质量。

统计图像识别方法务必要解决两个问题，即特征形成、特征提取。但是神经网络具有较强的优越性，网络隐层具有一定的特征提取功能，通常情况下，特征信息在隐层连接的权值之中，所以一般的神经网络分类器并不需要对输入的模式进行特征提取。另外，受神经网络并行结构的影响，神经网络对所输入模式的信息并不是十分敏感，从而出现信息不完备和特征缺损的现象。

从某种意义上来讲，神经网络分类器属于一种智能化识别系统，它具有较高的容错性和学习能力，所以在未来具有较好的发展空间。

（三）数字媒体图像的技术识别应用

图像识别具有十分重要的作用，它不仅是运动分析、数据融合、立体视觉等实用技术发展的前提，同时，它也被广泛应用于自然资源分析、生理病变研究以及环境监测等多个领域。

1. 遥感图像识别

通常情况下，图像识别技术被应用于航空遥感、卫星遥感图像的识别以及加工方面，并从中提取有用的信息。目前，该技术的主要应用领域有很多，如森林、海洋、农业、环境污染检测、灾害预测等。

2. 军事、公安刑侦等领域的应用

目前图像识别技术也被广泛应用于军事、公安领域，如军事目标的侦查、自动灭火器的控制、指纹的处理与辨识等。

3. 生物医学图像识别

图像识别在现代医学中的应用非常广泛，它具有直观、无创伤、安全方便等特点。在临床诊断和病理研究中广泛借助图像识别技术，如CT（Computed Tomography）技术等。

4. 机器视觉领域的应用

图像识别技术在智能机器人中主要起感觉器官的作用，通过图像识别技术来理解、分析图像，这也是当前研究的热门课题之一。目前，机器视觉在很多领域得到了有效应用，如军事侦察、医院、邮局等场所的智能机器人等。除此之外，机器视觉也可以应用于太空探险、工业生产中的共建识别以及定位。

三、数字媒体图像的获取技术

图像获取是指图像的数字化过程，包括扫描、采样和量化。图像获取设备，包括5个组成部分，分别为采样孔、扫描机构、光传感器、量化器和输出存储器。

关键技术：采样——成像技术；量化——模/数转换技术。

图像获取设备的分类取决于CCD的规格，包括黑白摄像机、彩色摄像机、扫描仪、数字照相机等；其他的专用设备，包括显微摄像设备、红外摄像机、高速摄像机、胶片扫描器等。此外，遥感卫星、激光雷达等设备提供了其他类型的数字图像。

（一）位图获取技术

位图的获取方式有很多种，如利用画图程序，用扫描仪从照片中抓取，抑或是用荧光屏上直接抓取等。通常情况下，我们又将位图图像称之为点阵图像、绘制图像，它主要是由像素的单个点组成的。这些点可以进行不同程度的组合排列和染色，进而形成图样。当我们放大位图时，会在位图上看到无数个单个方块，它们是构成图像的基本元素。从某种意义上来讲，扩大位图尺寸的目的是为了扩大单个像素，从而使人们看到它参差不齐的线条与形状。但是从稍远的地方来看，无论是位图的颜色，还是位图的形状，依然具有一定的连续性。

一般情况下，点阵图像与分辨率有十分紧密的联系，简而言之就是一定面积的图像是由固定数量的像素构成。所以，如果我们在屏幕上将图像放大数倍，抑或是采用低分辨率打印图像，都会在位图上发现锯齿边缘。

（二）矢量图获取技术

矢量图利用数学公式将图中的内容以点、直线、曲线等方式加以存储。用公式表示的直线和曲线称为矢量对象；组成矢量图中各个图元的点称为矢量图的顶点。

矢量图又被称之为绘图图像、面向对象的图像。从数学定义角度来看，矢量图就是由线连接的点。目前，有许多设计软件是建立在矢量图的基础上，如CAD、CorelDRAW 等。一般情况下，我们将矢量文件中的图形元素称之为对象，其中每一个对象都是自成一体的实体，它们不仅具有颜色、形状、大小、轮廓的属性，同时也具有屏幕位置等方面的属性。

一般而言，矢量图与分辨率之间不存在关系，为此无论是缩小矢量图的尺寸，还是改变矢量图的分辨率，其最终打印效果都是一样的，不会对其清晰度产生影响。为此，我们一般用矢量图来体现较小的文字和线条图形。

较为易用的软件是 CorelDRAW，它带有一个附加程序 Corel Trace。在 CorelDRAW 中导入位图后，选中位图，单击工具栏上的“描绘位图”按钮（用菜单操作也行），它会自动启动以上程序并将图形转成矢量图，若是单一的图形则效果不错。如果使用 Adobe 的软件，也可以在 Photoshop 中将图的各部分选区选出来保存成路径，将路径导入 AI 等软件中就可以将其作为矢量图处理了。但这样的路径不一定精确，可能需要一些细节调整，如果图不复杂的话直接用路径工具把它描绘一下即可。位图与矢量图的对比如表 2-1-1 所示。

表 2-1-1 位图与矢量图比较

图像类型	组成	优点	缺点	常用制作工具
位图	像素	只要有足够多的不同色彩的像素，就可以制作出色彩丰富的图像，逼真地表现自然界的景象	缩放和旋转容易失真，同时文件容量较大	Photoshop、画图等
矢量图	数学向量	文件容量较小，在进行放大、缩小或旋转等操作时图像不会失真	不易制作色彩变化太多的图像	Flash、CorelDRAW 等

四、数字媒体图像的处理技术

数字媒体图像处理的技术较为复杂，可分为低级处理（如降噪、对比度增强、图像锐化等）、中级处理（涉及分割、识别等）和高级处理（识别物体的总体理解、识别函数等）。下面介绍数字图像处理的一些常用技术。

（一）图像增强

为了提升图像视觉效果，往往会采用图像增强的方法。例如，将原本不清晰的图像变成清晰的图像，或者突出强调某些感兴趣的特征，抑或将图像转换成一种适合人或机器处理的形式，提升图像的识别效果。

1. 空间域法

空间域法在处理时会直接对图像的灰度级进行运算，当前空间域法主要有点运算算法、邻域去噪算法。点运算算法主要是进行灰度级校正、直方图修正以及弧度变换，其最终目的是使图像成像均匀，同时最大程度上扩大图像的动态范围，提升其对比度。邻域去噪算法具体分为两种：一是图像平滑，二是图像锐化。通常情况下，图像平滑主要是为了去除图像噪声，但是这种方法容易导致图像边缘模糊，均值滤波、中值滤波都是其具体的算法。图像锐化主要是为了突出物体的边缘轮廓，从而提升目标物体的识别度，算子、掩模匹配法、统计差值法等是其具体的算法。

2. 频率域法

频率域法是将图像看作一个二维信号，然后对其进行基于二维傅里叶变换的信号增强。利用低通滤波法可以起到图像去噪的作用，这主要是因为该方法可以有效过滤高频信号。此外，利用高通滤波法可以有效增强边缘的高频信号，使原本模糊的图像变得清晰。具体来讲，频率域法主要是利用一定的方法、手段来增加或改变原图像的信息数据。另外，频率域法可以做到对感兴趣特征的突出，也可以抑制不感兴趣的特征，进而使图像与视觉相匹配。基于频率域的算法是在图像的某种变换域内对图像的变换系数值进行某种修正，是一种间接增强的算法。

（二）图像变换

为了用正交函数或正交矩阵表示图像而对原图像所做的二维线性可逆变换称

为图像变换。一般称原图像为空间域图像，称变换后的图像为转换域图像，转换域图像可反变换为空间域图像。图像处理中所用的变换都是酉变换，即变换核满足正交条件的变换。经过酉变换后的图像往往更有利于特征抽取、增强、压缩和图像编码。

1. 傅里叶变换

它是应用最广泛和最重要的变换。它的变换核是复指数函数，转换域图像是原空间域图像的二维频谱，其“直流”项与原图像亮度的平均值成比例关系，是高频项表征图像中边缘变化的强度和方向。为了提高运算速度，计算机中多采用傅里叶快速算法。

2. 沃尔什—阿达玛变换

它是一种便于运算的变换。变换核是值 +1 或 –1 的有序序列。这种变换只需要做加法或减法运算，不需要像傅里叶变换那样做复数乘法运算，所以能提高计算机的运算速度，减少存储容量。这种变换已有快速算法，能进一步提高运算速度。

3. 离散卡夫纳—勒维变换

它是以图像的统计特性为基础的变换，又称霍特林变换或本征向量变换。变换核是样本图像的协方差矩阵的特征向量。这种变换用于图像压缩、滤波和特征抽取，在均方误差意义下是最优的。但在实际应用中往往不能获得真正的协方差矩阵，所以不一定有最优效果。它的运算较复杂且没有统一的快速算法。

除上述变换外，余弦变换、正弦变换、哈尔变换和斜变换也在图像处理中得到应用。

（三）图像复原

所谓的图像复原主要指的是对那些退化的图像做恢复处理，使其再次露出本来的面目。最典型的图像复原需要建立一个退化模型，该模型主要是依据图像退化的先验知识建立起来的。在退化模型的基础上，通过采用各种逆退化处理方法来对图像进行处理，从而提升图像的质量。通常情况下，图像复原需要经历以下几个过程：找出退化原因→建立退化模型→反向推演→恢复图像。

（四）图像重建

图像重建是一种通过物体外部测量的数据，经过数字媒体处理获得三维物体形状的信息技术。图像重建技术开始在放射医疗设备中应用，显示人体各部分的图像，即计算机断层扫描技术（简称 CT 技术），后来逐渐在许多领域中获得应用。

目前，应用较多的图像重建技术主要有投影重建、明暗恢复形状、立体视觉重建和激光测距重建。

1. 投影重建

投影重建是利用 X 射线和超声波透过被遮挡物体（如人体内脏、地下矿体）的透视投影图，计算恢复物体的断层图，利用断层图或直接从物体的二维透视投影图来重建物体的形状。这种重建技术是通过某种射线的照射，在穿过组织时吸收不同，引起在成像面上投射强度的不同，从而求得组织内部分布的图像。其中，X 射线、CT 技术就是应用了这种重建，为医学诊断提供了帮助。投影重建还用于地矿探测。在探测井时，用超声波源发射超声，用相关的仪器接收不同地层和矿体反射的超声。按照超声波在媒质的透射率和反射规律，用有关技术对得到的透射投影图进行分析计算，即可恢复重建埋在地下的矿体形状。

2. 明暗恢复形状

单张照片不含图像中的深度信息，利用物体表面对光照的反射模型可以对图像灰度数据进行详细的计算与分析，进而恢复物体的形状。

通常情况下，物体成像受多方面因素的影响，如物体表面的形状、光源的分布、物体的反射特性以及观察者相对于物体的几何位置等。我们通过运用计算机图形学的方法可以将不同角度观察物体的形状生成图像，它在计算机辅助设计领域得到了广泛的应用，通过该方法可以展示设计物体不同观察角度的外形，如房屋建筑、机械零件等。相反，我们也可以从图像中的各个像素的明暗程度，同时依据经验假设光源的分布、物体表面的反射特性以及摄像时的几何位置来计算物体的三维形状。但是，这种计算方法会产生很大的计算量，所以目前这种方法主要应用于遥感图像的地形重建中。

3. 立体视觉重建

具体来说，立体视觉重建就是照相机左右进行摆放，然后对同一种景物进行拍摄，之后再利用双目成像的方式将景物的三维信息进行提取与还原，就是三维图像重建，从本质上来说这种方法就是对人体的视觉方式进行模仿，这种形式的工作方法主要就是对景物的线条与角点进行描绘，然后得到事物的影像。这种方式在工业自动化与地图测绘等方面得到广泛的应用。

4. 激光测距重建

激光测距重建主要是建立在扫描激光技术的基础上，通过利用激光技术对物体进行测距，进而获得物体的三维数据，再通过坐标换算的方式获得物体的三维形状数据。计算准确是激光测距重建的最大特点。一般情况下，激光测距重建主要通过两种具体方法实现：一是固定激光源，让被测物体上下移动、左右旋转，以此来获取被测物体的三维数据；二是激光源在一个锥形区域中向前扫描被测物体，从而获得具体的三维数据。这种测量方法经常被应用在移动机器人领域，通过这种测量方法，机器人可以获得前方障碍物的具体三维数据信息，进而避开障碍物。此外，图像重建在通信领域也有十分重要的作用，如运用图像重建技术获取直观的无线电场强的三维空间分布图像等。

（五）图像特征提取

图像特征提取是图像识别的基础，其目的是让计算机具有认识或者识别图像的能力。

特征选择是图像识别中的一个关键问题。特征选择和提取的基本任务是如何从众多特征中找出最有效的特征。

常用的图像特征有颜色特征、纹理特征和形状特征等。根据待识别的图像，通过计算产生一组原始特征，称之为特征形成。

1. 颜色特征

颜色特征属于图像的全局特征，这种特征描述的是图像本身或者图像区域所对应景物的表面性质。通常情况下，颜色特征是一种基于像素点的特征，每一个像素都有其独特的作用与贡献。由于颜色是一种全局特征，它对图像或图像区域的大小、方向等方面的变化并不是很敏感，因此，它很难捕捉图像或图像区域中的局部特征。

一般情况下，颜色直方图是我们经常使用的颜色特征提取方法。这种方法最大的优点是可以对一幅图像中的颜色分布进行一个简单的全局描述，让我们清楚的了解不同颜色在图中所占的比例，所以，这种方法特别适用于描述那些难以自动分割的图像，此外，这种方法也特别适合描述不需要考虑物体空间位置的图像。但是这种方法也存在一定的不足，即无法描述图像中颜色的局部分布情况以及图像中各种色彩的空间位置，简而言之，就是此种方法无法具体描述图像中的某一物体。

从具体上来讲，颜色直方图特征匹配方法有很多种，如直方图距离法、参考颜色表法、中心距法等。

2. 纹理特征

纹理特征也属于图像的一种全局特征，它同样是对图像或图像区域对应景物表面性质的描述。纹理特征仅仅是图像的表面特征，所以，它只能反映物体的表面特性，而无法反映物体的本质属性，这也在一定程度上表明想要获得图像更高层次的内容，不能仅依靠图像的纹理特征。虽然纹理特征和颜色特征都属于一种全局特征，但是二者有一定的区别，纹理特征与像素点特征无关，它需要在包含多个像素点的区域中进行统计计算。在模型匹配过程中，这种区域性特征具有非常大的优势，它可以最大程度上提升匹配的成功率，并且不会因局部偏差而出现匹配失败的问题。作为一种统计特征，纹理特征具有旋转不变性的特征，正是由于它的这一特性，使其可以高度抵抗噪声。但是纹理特征也有一定的缺点，如图像分辨率发生变化时，会极大程度影响其纹理的计算结果，产生较大的计算误差。除此之外，在光照、反射等因素的影响下，二维图像中反映的纹理未必与三维物体表面的真实纹理一致。

我们通常所使用的纹理特征提取方法主要有信号处理法、几何法、模型法、统计方法等。

3. 形状特征

按照形状特征的检索方法可以有效利用图像中感兴趣的目标进行检索。一般情况下，形状特征表示的方法主要有两种，即区域特征、轮廓特征。这两种表示方式所针对的物体区域不同，其中区域特征涵盖了整个形状区域，而轮廓特征主要针对的是物体的外边界。

此外，典型的形状特征描述方法主要有三种：一是边界特征法，二是傅里叶形状描述符法，三是几何参数法。

（1）边界特征法

边界特征法主要对物体的边界特征进行描述，以此来获得图像的形状参数。在这个方法中有两个较为经典的方法：一是边界方向直方图方法，二是 Hough 变换检测平行直线方法。

（2）傅里叶形状描述符法

傅里叶形状描述符法主要是利用物体边界的傅里叶变换作为形状描述，同时，运用区域边界的周期性、封闭性将二维问题转换为一维问题。

（3）几何参数法

几何参数法是运用更为简单的区域特征描述方法来描述形状的表达和匹配，如采用有关形状定量测度（如矩、面积、周长等）的形状参数法。在图像检索系统中，便是利用圆度、偏心率、主轴方向和代数不变矩等几何参数，进行基于形状特征的图像检索。

（六）图像分割

图像分割在图像处理中具有十分重要的作用，关于图像分割的研究始于 20 世纪 70 年代。自其研究开始至今，始终受到人们的重视。此外，在研究理论的基础上人们研究出了许多分割算法。

所谓的图像分割就是将图像按照一定的方式分成若干个区域的过程，从某种意义上来讲，这个过程是处理分析转变的转折点，也是进行图像自动分析的第一步。虽然人类的视觉系统可以轻松地将观察到的复杂景物分开，识别出景物中的每一个物体，但是这对计算机而言却有一定的难度。当前大部分图像自动分割依然离不开人工操作，即需要人工提供相应的信息辅助其完成识别。此外，这种技术应用的领域也并不是很广泛，仅限于纹识别、印刷字符自动识别等。

目前关于图像分割主要有以下几种常用的方法：

1. 基于阈值的分割方法

基于阈值的分割方法主要是建立在图像灰度特征的基础上，通过计算一个或多个灰度阈值，然后将其与图像中的每个像素的灰度值进行对比，并按照对比结果进行分类。这种方法的关键在于运用某个准则来求解最佳灰度阈值。

2. 基于边缘的分割方法

所谓的边缘主要指的是图像中两个不同区域边界线上连续像素点的集合，从某种意义上来讲，它反映的是灰度、颜色以及纹理等图像特征的突变。一般情况下，这种分割方法是一种给予灰度值的边缘检测，并建立在边缘灰度值出现阶跃型、屋顶型变化基础上的方法。

具体来讲，阶跃型边缘两边像素点的灰度值具有明显特点，二者的灰度值有较大的差异性。而屋顶型边缘则位于灰度值上升或下降的转折点。在这样的特性下，我们可以利用微分算子来进行边缘检测，也就是说运用一阶导数的极值与二阶导数的过零点来确定边缘，具体实现时可以使用图像与模板进行卷积来完成。

3. 基于区域的分割方法

基于区域的分割方法是指依据相似性原则，将图像分成若干个不同的区域，一般来讲，这种方法主要有区域分裂合并法、种子区域生长法、分水岭算法等。

首先，区域分裂合并法。该方法的核心思想是将图像分成若干个互不相交的区域，并在此基础上依据相关准则对这些区域进行分裂、合并，进而完成分割任务。区域分裂合并法的使用范围较广，它不仅可以应用于灰色图像分割，同样也可以应用于纹理图像分割。

其次，种子区域生长法。此种方法是从一组种子像素开始的，这些种子像素代表了不同的生长区域。然后将种子像素邻域中符合条件的像素合并至种子像素所代表的生长区域中，同时，将新添加的像素作为新的种子像素继续合并，直至找不到符合要求的新像素。这种方法的关键在于选择合适的初始种子像素，以及选择合适的生长准则。

最后，分水岭算法。该方法是一种建立在数学形态学基础上的图像分割方法，该方法主要是将图像当作测地学中的拓扑地貌，而图像中的每一个像素点的灰度值则表示海拔高度，此外，图像局部中的极小值及其影响区域被称之为集水盆，而集水盆的边界被称之为分水岭。通常情况下，我们可以将分水岭算法的整个过程比喻成洪水淹没的过程，最开始从图像的最低点开始淹没整个山谷，当水位达到一定高度时水将溢出，此时在溢水处修建堤坝防止水继续溢出，一直重复这个过程，直至图像中所有的点全被水淹没，而此时所建筑的堤坝就成为分割各个盆地的分水岭。

4. 基于能量泛函的分割方法

基于能量泛函的分割方法主要指的是活动轮廓模型，抑或在活动轮廓模型基础上演变而来的算法，该算法主要是采用连续曲线的方式来描述目标边缘，同时定义一个能量泛函使其自变量包括边缘曲线，为此，图像分割过程就变成了求解能量泛函的最小值，通常情况下，我们可以通过求解函数对应的欧拉方程来实现，能量达到最小时的曲线位置就是目标的轮廓所在。我们根据模型中曲线表达方式的不同可以将活动轮廓模型分为两种类型：一是参数活动轮廓模型，二是集合活动轮廓模型。

（七）目标检测与运动检测

1. 目标检测

通常情况下，我们将目标检测称之为目标提取。目标检测是一种建立在目标几何以及统计特征基础上的图像分割，它将图像分割与识别融合在一起，所以，准确性和实时性成为它的一项重要能力。尤其是在复杂场景的应用中，自动提取和识别功能可以同时处理多个目标。

在计算机技术快速发展以及计算机视觉原理广泛应用的大背景下，学者逐渐将研究重点放在运用计算机图像处理技术来实现目标动态实时跟踪上，这无论是在智能监控系统、军事目标检测领域，还是在智能化交通系统中都具有重要的应用价值。

2. 运动分析

运动分析（Motion Analysis）就是在不需要人为干预的情况下，综合利用计算机视觉、模式识别、图像处理以及人工智能等诸多方面的知识对摄像机拍录的图像序列进行自动分析，实现对动态场景中人的定位、跟踪和识别，并在此基础上分析和判断人的行为。

人体运动分析主要包括运动目标检测、人体运动跟踪、人体运动识别与描述四个环节。人体运动分析在许多领域有着广泛的应用。

3. 运动检测

运动检测（Motion Detection）是将运动前景从图像序列中提取出来，也就是将背景与运动前景分离开。

运动目标检测的基本方法主要有帧间差分法、光流法及背景差法等。

（八）图像识别

图像识别指的是运用计算机对对象进行处理、分析、识别的技术。一般来讲，图像识别建立在图像主要特征的基础之上。每一个图像都有其独特的性质，如字母 A，在其上部有一个尖；字母 P，其上部类似一个圆圈；字母 Y，它的中心位置是一个锐角。人们在研究识别图像特征时，往往会将大部分注意力放在图像的主要特征上，也就是说将注意力集中在图像轮廓曲度最大或者是轮廓方向突然改变的位置上，从图像的这些位置中可以获得大量的信息。此外，人的眼睛在对图像进行扫描时，其路径也是从一个特征转向另一个特征。所以在图像识别过程中，知觉机制必须要将那些多余的信息排除出去，输入关键的信息。除此之外，大脑中还要形成一个负责整合信息的机制，以此来整合所获得的信息，并使其形成一个完整的知觉印象。

在人类图像识别系统中，对复杂图像的识别往往要通过不同层次的信息加工才能实现。对于熟悉的图形，由于掌握了它的主要特征，就会把它当作一个单元来识别，而不再注意它的细节了。这种由孤立的单元材料组成的整体单位叫作组块，每一个组块是同时被感知的。在文字材料的识别中，人们不仅可以把一个汉字的笔画或偏旁等单元组成一个组块，而且还能把经常在一起出现的字或词组成组块单位来加以识别。

在计算机视觉识别系统中，往往用图像特征来描述图像内容。从某种意义上讲，我们可以将计算机视觉的图像检索分为三个步骤，即提取特征、建索引和查询，这与文本搜索十分相似。此外，我们可以将图像识别的发展划分为三个阶段：一是文字识别，二是数字图像处理与识别，三是物体识别。

首先，关于文字识别的研究始于 1950 年，其研究内容主要为字母、数字、符号的识别，无论在印刷文字识别，还是手写文字识别中，都得到了快速的发展。

其次，关于数字图像处理与识别的研究始于 1965 年。数字图像与模拟图像相比具有一定的优势，如存储、传输方便，便于压缩以及在传输中不易失真等。这些优势在一定程度上推动了图像识别技术的发展。

最后，物体识别，它主要指的是对三维世界的课题以及环境的感知和认知，属于高级的计算机视觉范畴。从根本上来看，物体的识别是建立在数字图像处理与识别的基础上，同时结合人工智能、系统学等学科的研究，目前，关于物体识别的研究成果被应用于多个领域，如工业、探测机器人等。当前图像识别技术最大的不足便是自适应性能差，目标图像很容易受噪声污染，从而导致图像识别效果不佳。

在一般工业使用中，采用工业相机拍摄图片，然后利用软件根据图片灰阶差做处理后识别出有用的信息。国外图像识别软件具有代表性的有康耐视等，国内软件具有代表性的有图智能等。

第二节　数字媒体音频的技术

一、声音的基础知识

（一）声音的产生和传播

铜钟被敲击时会发出绵延不绝的“嗡嗡”声，这反映了声音产生和传播的过程。声音是由物体的振动而产生的机械振动波。首先，声音的产生需要有声源或音源，如铜钟它能使周围的介质如空气、水等产生振动，并以波的形式进行传播；其次，声音的传播离不开介质，这里的介质主要指空气、液体和固体。人耳感觉到从介质传播过来的振动，就听见了声音。

（二）声音的振幅和频率

自然界的声音是随时间而变化的连续信号，可以用正弦或余弦函数逼近它，从而将连续的声波用单一频率的正弦波或余弦波来表示。

从某种意义上来讲，声波也属于波的一种形式，为此，在对声波进行描述时必然会用到振幅和频率这两个参数。首先，声波的振幅。它主要描述的是声波的高低幅度，也就是声音信号的强弱程度，通常表现为声音的大小。其次，声波的周期。它主要指的是两个相邻声波之间的间距。最后，声波的频率。它主要指的是声波每秒钟振动的次数，通常情况下，我们会以赫兹（Hz）来表达声波频率。另外，声波的频率主要指的是声音的音调，换句话来讲，如果声音尖细，其声波频率就高，反之声波频率就低。一般情况下，我们听觉可以感受到的声波频率在20Hz～20kHz之间，低于20Hz的声波被称之为次声波，高于20kHz的声波被称为超声波。

（三）声音的三要素

我们以自身感受作为衡量声音的标准，把人耳能听到的声音范围称为听阈，以响度、音高和音色描述声音的振幅、频率和相位三个物理量。这也是衡量声音质量高低的三个主要特征，因而也称为声音的三要素。

1. 响度

响度主要是用来体现声音能量的强弱程度，为此，我们又将其称之为音强或音量。通常情况下，我们以声压、声强来表示声音的强度，其中声压的单位为帕（Pa），它与基准声音比值的对数值称为声压级，单位为分贝（dB）。

响度是听觉的前提与基础，从某种意义上来讲，响度直接影响了人耳对声音细节的分辨能力，但是需要注意的是二者之间的关系并非线性的。在声音强度合适的情况下，人的听觉的分辨能力最好。一般情况下，人的听觉强度在0～140dB之间。如果声音的频率超出了人耳可以听到的声波频率，即使声音的响度再大，人们也无法分辨出来。此外，如果声波频率在人耳可听的范围之内，而声音响度过低或过高，人耳也无法听到。

2. 音高

有人说音高又叫音调，也就是人们的耳朵对声音的主观感受，但是二者并不是完全相同的，音调的单位是Hz，但是音高的单位是Mel。其实，音调是与声音的频率有关系的，一般情况下声音的频率越高，那么这个声音的音调就会越高，声音的频率越低，这个声音的音调也就越低，所以也可以说音乐中的音阶是按照声音的频率来划分的。

3. 音色

通常情况下，我们又将音色称之为音品，它主要指的是声音的感觉特性。一般来讲，声音的振动幅度决定了声音的响度，声音的振动频率决定了声音的音高，而发声体的材质又影响了声音的音色。

当发声体整体振动时，就会发出基音，而泛音则是由发声体各个部分的复合振动形成。一般情况下，一个发声体除了可以发出一个基音之外，还往往会产生诸多不同频率的泛音，而发声体的音色也主要是由这些泛音决定的，人们通过泛音可以辨别发声体的具体性质。

（1）纯音

振动的频率产生声音，如果只有一种振动的频率，就可以说明这种声音是纯音。

（2）复音

有很多个振动的频率组成的声音就是复音，音乐就是复音。

（3）基音

在复音当中振动频率最低的就是基音。

（4）泛音

在复音当中，不是基音的其他声音都是泛音。

（四）影响音色的主观因素

以上介绍了声音的三要素，在声音的实际评判过程中，人耳的感受也是非常重要的影响部分。一方面，人耳对声音的方位、响度等有不同的感受；另一方面，不同的人对同一种声音的感受也不尽相同。下面就从人耳的听觉特性方面入手，讨论影响音质、音色的因素。

1. 方位感

人耳在听到声音之后，可以准确地判断出声音的方向、发声体的大概距离，这种听觉上的特性被称之为方位感。

2. 响度感

当我们在听录音机时，在将声音从小调至大的过程中，哪怕是轻微的声音变动，也会有所感觉，但是当录音机的声音大到一定程度之后，无论怎么增加音量都不会感觉到声音的变化，人耳对声音响度的这种听觉特性被称之为对数式特性。

此外，人们在听不同的频率的声音时，其听觉响度也会有所不同。依据倍频关系我们可以将声音划分为三个频段：第一，低音频段 20～160Hz（3 倍频）；第二，中音频段 160～2500Hz（4 倍频）；第三，高音频段 2500～20000Hz（5 倍频）。一般情况下，人耳对中音频段感受到的声音响度较大，同时对 300～6000Hz 的频段较为敏感，在这个频段中包括了我们日常生活中的讲话声音以及婴儿啼哭的声音。

3. 音调感

当声音响度较小时，人耳很难感受到音调的变化，尤其是高、低音小范围的波动。然而，当声音响度加大时，人耳对音调变化的敏感度明显提升，我们将人耳的这种听觉特性称为“指数式”特性。

为了有效提升人耳对声音响度较小声音的音调的感知能力，使其尽可能呈现出线性关系，我们通常将音量电位器按指数方式（Z）来控制响度，而音调则采用对数方式（D）来控制。

4. 音色感

人耳具有较强的音色辨别与记忆能力。我们以日常生活中的事情为例，大部分人都可以清楚地识别亲朋好友的声音，甚至可以有效辨别他们的脚步声。此外，擅长声乐的人可以快速分辨出音乐中伴奏乐器的名称，这些在一定程度上表明人耳具有较强的音色辨别与记忆能力。另外，人耳对音色有一种特殊的听觉综合性感受，这种感受主要是由方向、距离、纵深感、反射、扩散、指向等因素构成。也正是由于人耳具有这样的听觉综合性感受，所以，即便是采用世界上最先进的合成器来模拟各种乐器的声音，且其音色、频谱也与真实的音乐完全一致，但音乐发烧友还是可以听出二者之间的不同。

5. 聚焦效应

当我们在欣赏音乐演奏会时，可以做到将注意力集中到钢琴发出的声音中，而乐团中其他乐器的声音则会被我们忽略掉，这主要是受人的大脑皮层的影响，它对其他声音产生了抑制作用。我们将人耳的这种听觉特性称为聚焦效应。通常情况下，人与人的聚焦效应有所不同，而且人耳的这种听觉特性可以通过后期锻炼来得到提升。

（五）影响音色的模 / 数音频处理因素

除了人耳的听觉特性，声音本身的质量也会影响人的听觉感受。声音的质量简称为音质。音质的好坏与音色、频率范围、声音还原设备以及音频信号的信噪比等都有关系。

1. 频率范围

声音的质量与声音的频率范围有关，即频率范围越宽，声音的质量就越好。如表 2–2–1 所示，是几种常见的声音频宽。

表 2-2-1 几种常见的声音频宽

声音类型	频宽 /Hz
电话语音	200～3400
调幅广播	50～7000
调频广播	20～15000
宽带音响	20～20000

2. 动态范围

音频信号的动态范围是指信号的最强音与最弱音的强度差，用分贝（dB）表示，它是衡量声音强度变化的重要参数。在音乐中，动态范围小，给人以平淡、枯燥的感觉；而动态范围大，则给人以生动、细腻、表现力强的感觉。FM 广播的动态范围约 60dB，AM 广播的动态范围约 40dB。在数字音频中，CD-DA 的动态范围约 100dB，数字电话约 50dB。模拟音频信号转换为数字音频信号过程中的采样频率和量化数据位数，直接影响数字音频的音质，采样频率越低，位数越少，音质越差。

3. 声音还原设备

从某种意义上讲，音响扬声器及音响放大器的性能直接影响了重放的音质。具体来讲，音响放大器的频率响应指标的单位为 dB，它主要描述了功率放大器的输出增益会随输入信号频率的变化而变化，功率放大器的相位滞后随输入信号频率而变的现象。分贝值越小，信号越不容易失真，同时，其还原度、再现能力也就越强，为此其重放的音质也就越好。

4. 信噪比

噪声信号的幅度与音频信号的幅度之间的比例就是信噪比。一般情况下这个比值越高就说明噪音的比例就越小，也就说明声音的音质越高。

二、数字媒体音频的编码技术

（一）数字媒体音频的编码技术分类

1. 波形编码

波形编码是按照一定的速率直接对音频信号的频域波形和音频信号的时域进

行采样，并在此基础上对幅度样本进行分层量化处理，将其转换为数字代码，进而由波形数据产生一种重构信号。此种方法的编码信息是声音的波形，其编码率一般在 6.4～16kbit/s 之间，隶属于中宽带编码，所以它所重构的声音质量比较高。但是波形编码也有其自身的缺点，即容易被量化噪声干扰，这也为进一步降低编码率增加了难度。目前，比较典型的波形编码技术主要有以下几种：PCM（脉冲编码调制）、ADPCM（自适应脉冲编码调制）、APC（自适应预测编码）、SBC（子带编码）、ATC（自适应变换编码）。其中 PCM、ADPCM、APC 属于时域方式，SBC、ATC 属于频域方式。一般来讲，波形编码的算法比较简单，也比较容易实现，通过这种方法可以获得高质量的语言。

（1）PCM

PCM 又被简称为脉码调制。这种方法可以直接对声音信号进行 A/D 的转换，并用二进制的数字编码来表示声音，通常情况下，得出的声音数据是未经压缩的。这种方法目前是最为简单、直接的编码方法，其实用性也较强。

PCM 编码方法对信号处理技术要求不高，它可以快速实现数据的量化与还原，且信噪比高。只要是声音采样的频率足够高、量化的位数足够多，我们就可以获得高质量的声音，但是 PCM 编码方法直接对声音信号进行量化，为此其数据量较大，所以需要较高的传输速率。

一般情况下，多媒体计算机中的声卡都具有 PCM 编码、解码的功能。此外，激光唱盘记录声音的方式也是采用这种方法，并将未经压缩处理的数字声音信号存储起来。

从某种意义上讲，PCM 编码方法是波形压缩编码的基础，波形压缩编码是将 PCM 编码作为输入方法，并对其进行压缩。

（2）DPCM

DPCM 编码方法主要利用声音信号的相关性特点，对声音的预测值与样本值的差值进行传输，以此来降低声音数据的编码率。通过预测编码技术，DPCM 编码方法实现了声音的压缩。

一般而言，声音信号不会发生突然的变化，所以相邻语音采样之间存在一定的联系，此外，采样值与相邻采样值之间的差值也明显小于样值本身。依据预测编码方法来构建预测模型，并在此基础上利用预测期对未来的样本进行预测，然后对样本值与预测期得到的预测值的值差进行量化、传输。由于差值要明显小于样本值本身，所以它所需要的数据量也就较小，这在一定程度上降低了数据的编码率，同时也实现了对编码数据的压缩。

（3）ADPCM

虽然从理论上来讲 DPCM 具有明显的优势，但是在实际操作中由于受输入信号不稳定因素的影响，从而导致其信噪比大大降低。为了提升其信噪比，在原有的基础上加入了自适应的方法，从而形成了 ADPCM（自适应差分编码调制）。由此不难发现 ADPCM 是 DPCM 改良的产物，ADPCM 主要调整了量化的位数，如对不同频段的声音信号设置不同的量化位数，从而使声音数据得到进一步压缩。

一般情况下，ADPCM 的压缩倍率为 2～5 倍，所以 ADPCM 压缩方案的信噪比更高，也正是这方面的原因，使其成为大部分多媒体计算机获得数字化声音的主要方法。目前，多媒体计算机中的声卡也提供 ADPCM 算法，它可以将 16 位的采样值压缩为 4 位，抑或将 8 位的采样值压缩成 2 位。

2. 参数编码

参数编码主要是借助话音波形信号生成话音的参数，然后利用话音生成模型重构话音。利用音频的声学参数进行编码，可以进一步降低数据率。它主要是为了实现重构音频与原音频的一致性，一般情况下，常用的音频参数有很多，如共振峰、滤波器组、线性预测系数等。参数编码方法最大的优点就是数据率低，但是它也存在一定的不足，如还原信号的质量较差、自然度低。除此之外，这种方法往往受话音生成模型的影响，即便是增加数据率也不能提升话音的质量。但是参数编码的保密性较好，为此，这种方法一般被用在军事领域。

3. 混合编码

从某种意义上讲，混合编码弥补了波形编码和音源编译码之间的差距。人们为了获得高音质且数据率低的编译码器，一种建立在时域合成基础上的编译码器应运而生，即 Analysis–By–Synthesis，Abs（分析编译码器），同时它也得到了广泛的应用。随后又出现了许多类型的混合编译码器，如 Regular–Pulse Excited，RPE（等间隔脉冲激励编译码器）；Code Excited Linear Predictive，CELP（码激励线性预测编译码器）；Mixed Excitation Linear Prediction，MELP（混合激励线性预测编译码器）等。

一般来讲，将波形编码和参数编码融合在一起便是混合编码。具体而言，混合编码将波形编码和参数编码的优势集中起来，即在降低数据率的同时获得高品质的声音。目前，较为常用的混合编码方法有 CEIP（码激励线性预测编码）、MRLPC（多脉冲激励线性预测编码）等。

（二）数字媒体音频的编码标准

随着编码技术的快速发展，制定统一的国际标准编码逐渐成为当前编码技术发展的重要方向。通过制定统一的国际标准，可以提升信息管理系统的兼容性。目前，国际上普遍采用 ITU（国际电信联盟）发表的语音信号压缩编码标准。

随着技术的快速发展，之前的立体声形式已经无法满足观众对声音节目的欣赏需求，这在一定程度上推动了三维音频编码技术的发展，如多声道环绕立体声编码技术。目前，DolbyAC-3 和 MPEG 是应用最为广泛的多声道音频编码标准。除此之外，AVS 是我国具备自主知识产权的第二代信源编码标准，逐渐受到越来越多的关注。

1.ITU-TG 系列的声音编码标准

国际电报电话咨询委员会（CCITT）和国际标准化组织（ISO）就声音编码方面的问题陆续提出了一系列建议，并在 CCITT 下设的第十五研究组深入讨论语音信号压缩编码标准，而其相对的建议被称之为 G 系列，最终由 ITU（国际电信联盟）发表。

（1）G.711

1972 年 ITU（国际电信联盟）发表了 G.711 建议，该建议指出了话音信号编码的推荐特性。具体来讲，话音的采样率为 8kHz 且每一个样值使用 8 位二进制编码，建议使用 A 律和 μ 律编码。G.711 建议也对 A 律和 μ 律的定义进行了详细的解释，它主要是将 13 位的 PCM 按 A 律、14 位的 PCM 按 μ 律转换为 8 位编码。

（2）G.721

1984 年，ITU（国际电信联盟）发表了 G.721 建议，并于 1986 年对其进行修订、完善。G.721 建议主要是采用自适应差值量化的方法对声音波形编码，其数据率为 32kb/s，用于把 64kb/s 的 A 律或 μ 律的 PCM 编码转换成 32kb/s 的 ADPCM 编码，进而实现对 PCM 信道的扩容。

从整体上来讲，无论是 G.711，还是 G.721，它们都适用于 200～3400Hz 窄带话音信号，如在公共电话网中的应用。

（3）G.722

1988 年，ITU（国际电信联盟）发表了 G.722 建议，该建议是关于宽带语音制定方面的标准，同时该建议也给出了 50～7000Hz 声音编码系统的特性，该建议可以适用于各种高质量的语音。此外，这个编码系统主要采用了自带自适应差分脉冲编码技术，整个的频带分成高、低子带，然后用 ADPCM 分别对每个子带进行编码，该系统的比特率为 64kb/s，为此被称为 64kb/s（7kHz）声音编码。

（4）G.728

为了能够进一步降低数据速率，并实现短延时、低码率、高质量的目标，国际电报电话咨询委员会（CCITT）在 1992 年、1993 年分别发表了浮点和定点算法，二者构成了 G.728 建议，这个算法编码将延时降低至 2ms 以内。具体来讲，该标准可以应用于可视电话、公共电话网、声音存储和传输系统以及地面数字移动雷达等。

2.MPEG 中的声音编码标准

1988 年，国际标准化组织 / 国际电工委员会（ISO/IEC）为了进一步规范运动图像和语音压缩制定标准，成立了 MPEG（Moving Picture Experts Group，动态图像专家组），在其成员的努力下制定了 MPEG 标准。该标准主要针对的是视频、音频以及数据的压缩。具体来讲，MPEG 标准主要包含五个方面：MPEG-1、MPEG-2、MPEG-4、MPEG-7、MPEG-21。

MPEG-1 声音压缩编码是当前世界上第一个关于高保真声音数据压缩的国际标准，它又可以分为三个层次。

（1）层 1 的编码相对比较简单，它主要被应用于数字盒式录音磁带。

（2）层 2 的算法具有了一定的难度，它主要被应用于数字音频广播（DAB）和 VCD 等。

（3）层 3 的编码最为复杂，主要被应用于互联网上的高质量声音的传输。

MPEG Audio Layer-3 简称为 MP3，它是从 MPEG-1 的基础上衍生的编码方案，它在保持基本可听音质的基础上做到 12：1 的高度压缩比。就目前来讲，MP3 是最为流行的声音压缩格式，同时也衍生了诸多与 MP3 相关的软件产品。

3.AC–3 的声音编码和解码标准

AC–3 声音编码标准是由 AC–1 演变而来，而 AC–1 是美国杜比公司推出的一款产品。AC–1 能用的编码技术为自适应增量调制（ADM），它是将 20kHz 的宽带立体声声音信号编码成 512kb/s 的数据流。当前 AC–1 主要被应用于卫星电视和调频广播领域。

1990 年，杜比实验室推出了立体声编码标准 AC–2，该标准主要采用的是傅里叶变换（FFT）编码技术，其数据率保持在 256kb/s 以下。AC–2 主要被应用在综合业务数字网以及 PC 声卡等方面。

1992 年，杜比实验室又对 AC–2 进行了改进，并在此基础上推出了 AC-3 数字声音编码技术。AC–3 共提供了五个声道，20Hz～20kHz 的全通带频，其中前面有三个声道，即左、中、右；后面有两个独立的环绕声道，即左后、右后。此外，AC–3 还提供了一个 100Hz 以下的超低音声道，这个声道属于辅助声道，其设计目的是为了弥补低音的不足，所以将其定为 0.1 声道，为此，我们可以将 AC–3 定为 5.1 声道。AC–3 对这六个声道进行数字编码，并将其压缩成一个声道，其比特率为 320kb/s。

三、数字媒体音频的编辑技术

（一）数字媒体音频设备

1. 数字录音机

数字录音机是运用数字技术进行记录和重放的录音机。数字录音机按照存储介质可以分为磁带式、硬盘式、闪存式和光盘式，数字录音机一般采用脉冲编码调制（即 PCM）的方式将声音记录在存储媒体上。由于数字录音机记录的是 0 和 1 的组合，所以，它可以降低传统音频设备的噪声和失真，同时在记录和重放时，那些数字可以先被读入一个缓存器，这就可以保证数据能以一定的速率被读出，消除了重放时速度变化所造成的声音失真。因此，数字录音机的声音非常干净。

2. 数字调音台

数字调音台（Audio Mixing Console）是一种在扩音系统和影音录音中经常使

用的设备。其功能与模拟调音台一样，主要用于对各种音频信号进行放大、频率调节（即调音）以及对各路信号进行混合、输出等功能。但与模拟调音台不同的是，数字调音台的处理对象是数字音频，处理的手段也是数字的方式。数字调音台的主要特点如下：

（1）操作过程的可存储性。数字调音台的所有操作指令都可以存储下来，从而可以再现原有的操作方案。

（2）信号的数字化处理。由于调音台直接处理数字信号，因此不经过模/数转换和数/模转换就可以完成任务。

（3）具有高信噪比和高动态范围的数字调音台。数字信号的整体噪声干扰源对数字调音台是无效的，所以，数字调音台的信噪比和动态范围可以轻松比模拟调音台大 10dB，每个通道的隔离度可以达到 110dB 之高。

（4）定量精度为 20b，采样频率为 44.1kHz，数字调音台可以确保 20Hz～20kHz 之间的频率范围失配小于 ±1dB。

（5）可以轻松地为每个通道设置高质量的数字压缩限制器和降噪扩展器。

（6）数字通道移位寄存器可以提供相当长的信号延迟时间，能够及时调整每个部分的节奏。

（7）立体声双通道的联动调整非常方便。这是因为在通道状态调整过程中，所有的数据都可以快速地从一个通道复制到另一个通道中。

（8）数字式调音台设有故障自动诊断功能。

（9）数字调音台界面众多，操作直观性差，因此部分用户转而选择操作更加直观易懂的数字音频工作站。

3. 数字音频工作站

数字音频工作站是一台集录音、编辑、混合、压缩、母盘刻录等全部音制处理功能于一体的设备。因此，拥有一台数字音频工作站就相当于拥有多轨录音机、编辑机、效果器、调音台等几乎所有能在录音棚见到的昂贵设备，而且这些设备合为一体，具有高度集成性，免去了连接复杂线路的麻烦。

数字音频工作站主要有两种类型：一种是专门的音频处理系统，另一种是通过在计算机上添加必要的硬件和软件的方式实现的系统。由于专业音频处理系统价格高昂，因此，大多数数字音频工作站都是采用第二种模式建立的。

数字音频工作站因其高效性、可集成性和功能的多样性而被应用到多个领域，可分为以下几种应用类别：

（1）声音处理和 CD 刻录。主要用于编辑和处理成品音乐，或用于制作成品 CD。

（2）随时随地音乐录制。主要用于录制各种日常使用的音乐，如歌曲伴奏、舞蹈音乐、聚会音乐、影视音乐等。

（3）大型音乐录音和混音。每种乐器或声音都被录制成独立的音轨，甚至是立体的音轨，这样就可以对每种乐器或音色单独均衡、处理，可以应用各种类型的效果和动态。

（4）多媒体。电影和视频音乐的制作和合成。在西方音乐中同时录制文字或音乐，并根据视频屏幕上的变化进行配音，最常见于电影和电视、游戏软件、教育软件、电子书等。

（二）数字媒体音频的编辑软件简介

如前所述，我们越来越多地将计算机技术融入数字音频的处理过程中。音频编辑在多媒体音效制作、视频音效处理、音乐后期合成等领域发挥着重要的作用。根据数字音频文件的生成原理，可以采用数字信号处理技术对数字音频进行调控。随着计算机技术、软件技术、信号处理技术等相关领域的不断发展，Adobe Audition CC（Cool Edit）、Gold Wave 和 Cakewalk 等知名音频编辑软件应运而生。

1.Adobe Audition

Adobe Audition 是一个专业的声音编辑和混合环境，以前被称为 Cool Edit Pro，后被 Adobe 收购后改名为 Adobe Audition。音频的处理是 Audition 最基本的一项功能，还具有专业的视频处理功能，以及更加专业的音频混合、编辑、效果加工和控制技巧，这些专业技能可以为摄像、广播和后期处理等行业的专业人员所使用。Audition 可以混合多达 128 个通道，编辑单个音频文件，创建循环，并可使用超过 45 种类型的数字信号处理效果。

Adobe Audition CC 是 Audition 软件的一个最新版本，最高配置可达 5.1 杜比数字和 7.1 杜比数字 + 音频内容，同时为多轨编辑和各种增强功能提供了使用的途径，并能调整通道以优化和增强编辑体验，在音频编辑的体验上可以有多层次、更丰富的效果。

2.Gold Wave

Gold Wave 是一个强大的数字音乐编辑应用程序，它集声音编辑、播放、录制和转换以及其他音频内容进行格式化处理于一身。它结构紧凑，功能强大，可以打开 WAV、OGG、VOC、IFF、AIFF、MP3、MAT、AVI、MOV 等格式的音频文件，也可以从 CD、VCD 或 DVD 中提取声音，还可以从不同音频种类中获取处理的特效（如多普勒、回声、混响、降噪），以及使用各种复杂的计算公式生成不同类型的声音。

除了以上内容，Gold Wave 还为用户提供了以下特性：直观、可定制的用户界面，进一步简化了操作；多文档界面，可以同时打开多个文件，简化了文件之间的操作；根据编辑音乐的长短，在硬盘和内存之间进行自动切换；允许使用包括倒转、回音、摇动、边缘、动态、增强和扭曲等在内的多种声音效果；采用精密的降噪器和突变过滤器修复声音文件；在不同格式和类型间转换音乐文件；CD 音乐提取工具可以将 CD 音乐复制为一个声音文件，为缩小尺寸，可直接将音乐另存为 MP3 格式。

3.Cake Walk

Cake Walk 在早期是专门进行 MIDI 制作、处理音序器软件，曾经在音乐创作领域占有绝对的统治地位。后来，它慢慢加入了音频处理的功能，到 6.0 版本的时候，已经成为一个能从 MIDI 制作到音频制作的音乐软件，覆盖的环节非常全面。

Cake Walk 在 9.0 版本的时候改名为 Sonar，并以 Cake Walk 为基础，增加了针对软件合成器的全面支持和音频功能，使其成为新一代优秀的一体化音乐处理工作站。但音序功能从产生之初就是它的强项，其全面的乐谱编辑功能为作曲创作提供了一个方便的平台。虽然它在音频处理方面还有很多不足之处，但这对它成为一个独立的音乐工作室软件没有任何的影响，而且它的绝对优势是在 MIDI 制作和处理方面功能非常强大以及操作简便。

4.Cubase/Nuendo

Cubase 是由德国公司 Steinberg 开发的数字音乐和音频软件，该软件功能十分全面。软件提供了世界级的 MIDI 排序、音频编辑和处理、多轨录音和混音、视频录制和环绕声处理功能。另外，Cubase 还支持 MAC 系统，新推出的 iPad 版本可提供包括超过 70 个来自 HALion Sonic 的虚拟乐器声音、包含 11 个效果器的 Mix Console 调音台，内置超过 300 个 MIDI 和音频 Loop 的丰富特性。

Cubase 的特点之一是全面。它可以说是一个强大的音乐工作站系统，不仅扮演着音序器的角色，也担任着录音、混音的工作。比如在一个游戏音乐制作中，前期的 MIDI 输入、编辑、修改和后期的独奏乐器录音（如武侠风格游戏中，民乐独奏乐器古筝、二胡、琵琶等）以及最终的成品调整、输出、效果处理都可以在这个系统之内完成。虽然 Cubase 的用户没有 Cake Walk 的多，但它的很多技术都比 Cake Walk 优秀，混音功能也更加完善，因此更受专业人士的推崇。它的缺点是操作界面不够人性化，使用不太方便，学习的曲线较长。

Cubase7.5 于 2013 年底发布，是 Cubase7 的后续版本，它在原有版本的基础上优化了速度和 UI 显示，另外还整合了 MIDI 和器乐音轨，并增加了 Track Versions 音轨层版本等新功能。

Nuendo 也是 Steinberg 公司的一款优秀的音频编辑软件，其优势包括录音、混音和立体环绕声音的制作，以及将视频与配音配乐同步的功能，但 MIDI 的功能不太具有竞争力。

5.Sony Vegas

Sonic Foundry 公司研发了一个专业方向的影像编辑软件，叫作 Sony Vegas，后被 Sony Pictures Digital 公司收购。Sony Vegas 整合了视频编辑和音频编辑的功能，提供了视频合成、高级编码、转场特效、裁剪及动画控制等功能，并且具有无限制的视频轨道和音频轨道。就其功能来说，几乎可以和 Premiere 相媲美，但操作更加简单，无论是专业用户还是个人用户，都可以很快上手，因此，是 PC 上最佳的入门级视频编辑软件。

Sony Vegas 的音频处理能力也非常强，可以说远超其他视频编辑软件。它可以为视频素材添加音效、录制声音、处理噪声，以及生成杜比 5.1 环绕立体声。它支持的格式非常多，可以在同一个音轨中混合编排不同格式的音频数据，同时，支持 24b/192kHz 音频，可以使用 DirectX 以及 VST 音频插件对音频处理和混音功能进行扩展，并且可以采用混音控制台精确调整音频属性。

6.Samplitude

Samplitude 是一款由德国公司 MAGIX 出品的 DAW（Digital Audio Workstation，

数字音频工作站）软件。该软件集音频录音、MIDI 制作、缩混、母带处理于一身，功能强大且全面，其早期版本 Samplitude7 和 Samplitude8 深受国内用户喜爱。

7.Pro Toos

Pro Tools 是 Digidesign 公司出品的工作站软件系统，最早只在苹果电脑上出现，后来也出现了 PC 版。Pro Tools 对音频、MIDI 和视频都可以提供较好的支持，由于使用算法的特点，其音频回放和录音音质大大优于目前 PC 上流行的各种音频软件。特别是从 Prot Tools9 以后，AVID 公司解除了与硬件的强行捆绑，从此结束了 Pro Tools 系统必须由 Pro Tools 软件和它所支持的硬件共同组成的历史。

目前的 Pro Tools 系统可分为以下三大板块：

（1）Pro Tools HD 版

这是 Pro Tools 最核心的版本，具体可分为 HD1、HD2 和 HD3。由于 Pro Tools 依靠配套硬件设备来进行音频处理和效果运算，因此 HD 版本价格高昂，但也由于 Pro Tools HD 采用硬件进行处理和运算，几乎不占用 CPU 资源，因此该版本也是公认的音乐行业标准。

（2）Pro Tools LE 版

LE 版本就是有限制的版本，该版本与 HD 版最大的不同在于硬件。随着计算机技术的发展，个人电脑的处理速度越来越快，越来越多的硬件效果器、硬件音源等逐渐被软件效果器、软音源取代。在此情况下，Digidesign 被迫推出的 LE 版本核心与 HD 基本相同，只是必须在 Digidesign 自己的声卡上才能使用，并且对音轨数进行了限制，不支持环绕声，支持最高 96kHz 的采样率，其赠送的效果器也减掉了。

（3）Pro Tools M–Powered 版

该版本的出现也是受市场影响，Digidesign 后来与 M–Audio 合作，推出了专门用于 M–Audio 声卡上的 Pro Tools M–Powered 版本，该版本与 LE 版本基本相同，只是支持的声卡由 Digidesign 扩展至 M–Audio。

（三）数字媒体音频的编辑流程

音频采集与录制是音频处理软件最基本的功能。首先，通过麦克风或 CD 唱机等外设采集音频文件，然后，通过对音频波形进行剪裁、切分、均衡化、添加混响、包络编辑以及调整频率等操作来增强音乐的感染力，专业人士甚至可以仅凭数字音频工作站就可进行多音轨复杂乐曲的创作和实现。

1. 录音

数字录音是对自然声音或者在其他介质中的音频，使用麦克风或 CD 录制的模拟声音进行数字化，在这个过程中要使用固定的采样率（通常是 44.1kHz）和量化位数，然后将其作为数字音频的文件储存在计算机上。

2. 音频编辑

常用的音频编辑主要是对音频波形进行截断、剪切、拼接、锁定、分组、删除、复制、包络编辑和延时编辑。还需要注意的是，虽然单声道和双声道等都是音频文件的类型，但单轨编辑窗口的工作往往是音频编辑工作的第一步，然后再在多轨合成模式下进行，所以如果想进行单轨的编辑，可以在多轨模式下双击某一音轨，该音频的单轨编辑界面就显示出来了。

（1）剪裁音频

录制的音频文件经常会有多余的时间段或者是需要删去的内容，所以，可以通过修剪音频的波形来实现快速删除的效果。

（2）切分音频

在创建音频文件时，往往需要以不同的方式处理音频材料的不同部分，这就是需要使用音频剪辑的原因，在录制一个音频文件后，可以把它修剪成多个音频的片段，这样对每个片段进行不同类型的编辑处理也是十分方便的。

（3）合并音频波形

切断的音频片段可以通过组合等方式合成在一起。

（4）锁定音频波形

在对录音进行排序和拼接的过程中，往往需要锁定已经排序的音频片段的位置，这个过程称为锁定音频波形的时间位置。

（5）编组音频波形

一个固定的音频切片组由多个音频切片组成，切片在组中的相互位置是没有变化的，因此简化了合并多个切片一起移动的任务。

（6）删除和复制音频波形

删除或复制一个音频波形或音频片段。

（7）包络编辑

为了改变声音输出时的强度，包络线可以绘制在音频波形的振幅上，从而实现特殊的音乐效果，如淡入和淡出。

（8）时间伸缩编辑

当模拟音频里声音的播放速度发生变化时，音乐的音量和音色也会发生变化。例如，当录音机的电量不足或机器产生了问题时，有可能会出现女声变成了男声的问题等。另一方面，数字音频可以单独调整声音的速度或者是音调，这意味着可以根据电影或设计的需要改变音乐的长度，而不必担心女声变成男声这样的问题。

3. 降噪处理

通过麦克风录入自己的声音并进行后期特效加工和伴奏并轨之前，往往需要对录入的音频文件进行降噪处理。降噪处理的目的是降低噪声对声音的干扰，使声音更加清晰，音质更加完美。降噪处理针对不同类型的噪声有不同的处理方法。例如，爆破音修复、“嘶嘶”声降低器等。需要注意的是，降噪处理也会在一定程度上影响现有音乐的品质（类似图像处理中的降噪导致图片细节受损），因此，降噪过程需根据实际情况和需要进行调整。

4. 音频特效处理

音频特效的处理主要是利用音频编辑软件对各种效果进行处理，如均衡效果处理、混响效果处理、压缩限制效果处理、延迟效果处理等。

（1）均衡效果处理

均衡效果的实现是通过一个软件图形均衡器的处理来完成的。通过调整不同频段，改变增强和渐弱的效果，对音乐效果进行简单和初级的处理。

（2）混响效果处理

教堂管风琴的声音具有很强的混响特点，通过使用声音处理软件的特效也可以实现类似的效果。有了混响效果的处理器，比较干涩的声音可以被处理成一种特殊的效果，在一个开放的空间创造出多重反射。这种效果在实践中经常被应用，但必须注意伴奏和作品之间混响的和谐一致。

（3）压限效果处理

在录制一些音频的过程中，有可能会出现高音过于尖锐的情况，但是专业歌手录制出来的声音却没有过高和过低的现象，比较均衡，这与压缩效果的使用有关。压缩效果处理可以在声音输入的过程中进行平衡音效的处理，也可以对声音的波动进行加工处理，最终解决高音的爆音问题。

（4）延迟效果处理

在延迟效果处理的过程中，能处理和突出人的声音，使单薄的声音变得厚实和饱满，这个效果的处理主要是针对人声的处理。

5. 合成输出

一个完整的工程文件不仅仅是由一个个音频切片组成的，因此，在保存时，除了音频文件本身，还需要保存一个工程文件。这个工程文件的作用是保存多轨模式下的波形状态，如哪一轨设置为静音，某段波形放在什么位置等。它不包含音频，所以文件很小。但是这个文件的作用很大，例如，在 Cool Edit Pro 中进行所有非破坏性设置（如音量的增减、相位的调节、波形的移动等）时，所有的信息都存储在 .ses 工程文件中。

6. 格式转换

当将制作好的音频文件上传至网络或做其他用途时，经常需要对音频文件进行格式转换。格式转换是指对音频文件格式进行的操作，包括改变文件格式类型（如将 WAV 文件转换为 MP3 文件）、改变音频文件的参数（如改变音频文件的采样频率、量化位数、编码方法等）。

四、数字媒体音频的处理技术

语音是人类交流和交换信息中最便捷的工具和最重要的媒体，因此，在数字媒体内容与应用中有着极其重要的位置。语音领域的数字音频处理技术主要包括三方面的内容，即语音合成、语音识别和语音增强。特别是语音识别技术为人机交互提供了一个更友好的界面。

（一）语音合成

语音合成的基本目标是让机器通过学习人类的语言系统，从而模仿人类的发音实现传达信息的目的。主要的数字语音合成技术有波形编码语音合成、参数式分析语音合成和规则语音合成，而比较被大众接受的语音合成技术就是文本到语音系统的转换。

1. 波形编码语音合成

合成的基本思想是使用句子、短语、单词和音节作为合成单元。将这些单元分别储存下来之后，通过数字编码的形式，与相应的数据一起压缩，形成整体的语音数据；在播放过程中，根据输出的信息从语音流中提取相应单元的波形编码，合并或编辑存放在一起，语音的还原是一个解码的过程。这种系统简单而且价格也适宜，但合成音质的过程需要大量的存储空间和码率的要求，因为单元的大小决定了音质是否自然。

PSOLA 技术也就是基音同步叠加法让这种语音合成的技术使用的范围更加广泛了，在组合语音波形段的操作前，先用 PSOLA 算法调整组合单元的节奏特性，以适应语境的要求，从而使合成的波形保留原始语段的基本特性，节奏特性也能和上下文的要求相对应。

在中国，人们对 PSOLA 技术在中文文本转语音系统中的应用进行了多次且广泛的研究，并开发了基于波形的中文文本转语音系统，如清华大学的 Sonic 系统就是国内基于波形拼接的中文文本转语音系统。

2. 参数式分析语音合成

本类语音合成的合成单元是由音节、半音节或者音素组成的。第一，分析所有合成单元中的语音，理论上的依据就是语音理论，并逐帧提取相关的语音参数，然后对其进行编码，形成合成的语音库；等到语音输出时，就使用编辑或者连接过的相应的合成参数，按照一定的顺序进入语音合成器。第二，合成器通过控制合成参数，逐帧重建语音波形。主要的合成参数有：决定音调强度的振幅、决定音调的基频以及决定音调的最大共振参数。像语音合成器这样的系统码率并不会比波形编辑还要高，但系统更复杂，合成的声音质量也更差。目前，最高端的系统是芯片级的。

3. 规则语音合成

基于语音学规则来产生语音是规则语音合成的目标。基于规则的合成系统记录了较小语音单位的声学参数，如音素、双音素、半音节或音节，以及使用音素来构建音节，然后通过音节构建单词或句子的各种规则。当字符被输入时，语音的声波在这个时候就能被合成系统利用规则转换出来。

由于语音的发音受到协同发音规则的影响，而不仅仅是像元音和辅音一样单独存在，因此，通过分析不同环境中出现的每个语音单元中协同发音的影响，并归纳其规律性，才产生了合成规则，如共振峰频率规则、时长规则、声调的语调规则等。语音缩减规则也是由发音和重音的发音规律总结出来的。

基于规则的合成方法的语音库存储量较小，不如参数式分析合成方式产生的储存量大，而且规则合成的音质也次之，且涉及许多语音学和语音学模型，结构复杂。

4. 文本—语音转换系统

文本转语音系统是一个规则合成的系统，以文本字符串作为输入。输入的文本字符串是一个纯文本字符串，该系统的文本分析器先根据发音的固定规则将输入的文本串拆分为单词及其属性字母和发音符号，然后根据语义的规则为每个单词和每个音节分配重音位置、发音结构、语调和各种类型的停顿转折等。通过这种方式，文本字符串被转化为一个代码序列。规则合成的系统使得相应的语调和不同的发音语气的合成成为可能。除了语义规则、单词规则和语音规则之类的各种规则之外，文本转语音系统还必须完成自然语义的理解，也就是正确理解文本的内容，因此，真正的文本转语音系统在某种程度上属于人工智能系统。

（二）语音增强

语音在传播过程中总会受到各种干扰，比如来自环境、传输设备等的噪声和干扰的影响。受到这些干扰的影响，接收器很难将接收到的语音转化为正常的语音信号，转化的结果会受到噪声的污染。将夹杂着噪声的语音信号转化为正常的原始语音是语音增强努力要达到的目的。然而，因为干扰不可能有规律可循，所以几乎不可能从噪声语音中获得完全正常的语音。

因此，语音增强有两个主要目标：一是一种主观指标，提高语音质量，消除背景噪声，使听众在接受语音时心态十分轻松；二是提高语音的理解程度，这是一个客观指标。这两个目标往往不能同时满足。语音增强的技术不仅涉及语音信号的数字处理，还与人类听觉感知和语音学等学科有着紧密联系。

语音增强是基于对语音和噪声特性的捕捉和了解，语音增强的方法和过程有很多的种类，这是因为噪声的特点不同，对语音的影响也不同。语音增强大体上可以分为四种方法，即噪声对消法、谐波增强法、基于参数估计的语音再合成法和基于语音短时谱估计的增强算法。

1. 噪声对消法

噪声对消法的原理很简单，就是从带噪声的语音中减去噪声。问题的关键是如何获得噪声的复制品，其中一种方法是采用双话筒采集法。它是用两个（或多个）话筒进行语音采集，一个采集带噪声的语音，另一个（或多个）采集噪声，从而获得带噪声语音和噪声，分别经傅立叶变换（FFT）后提升它们的频域分量，噪声分量幅度谱经数字滤波后与带语音相减，然后加上带噪声语音分量的相位，再经傅立叶反变换恢复为时域信号。在强背景噪声下，这种方法能较好地消除噪声。

2. 谐波增强法

语音信号的浊音段有明显的周期性，利用这一特点，可采用自适应梳状滤波器来提取语音分量，抑制噪声。

3. 基于参数估计的语音再合成法

线性时变滤波器是在激励源的基础上产生的，而这个过程可以使语音产生过程的模型，浊音和清音是激励源最主要的构成，浊音由气流通过声带产生。声道可以比喻为时变滤波器，甚至可以具体为全极点滤波器，通过线性预测分析可以得出滤波器的参数，但若考虑到鼻腔的共鸣作用采用零极极点模型更为合适。分析合成法也是一种增强的方法，主要是在获取激励和声道滤波器的参数之后，使用语音生成模型合成得到去除杂音的语音，使用中要注意语音模型的激励参数和声道参数是否计算准确。另一种方法则是鉴于激励参数难以准确估计，而只利用声道参数构造滤波器进行滤波处理。

4. 基于语音短时谱估计的增强算法

语音在 10～30ms 的分析帧内可以约等于是平稳状态，但整体上属于非平衡随机过程，若能从带噪声语音的短时谱中估计出纯净语音的短时谱，则可达到增强的目的。

五、数字媒体音频的技术应用

（一）语言识别

1. 语音识别的定义

语音识别技术也叫作自动语音识别（Automatic Speech Recognition，ASR）。

识别的目的是使机器通过识别和加工的程序将语音信号转换成适当的文本或指令，即让机器理解人类的语音。如果计算机配备了语音识别程序，那么使用一个转换装置就可以使人的语音在计算机中以数位的方式存储，语音识别程序将把输入的语音样本与先前存储的语音样本进行比较。当语音比较完成后，计算机输入程序设定认为最相似的语音样本的编号，找出它刚刚听到的语音含义，并使用程序执行。

2. 语音识别所涉及的领域

信号处理、模式识别、概率和信息理论、语音和听觉机械学以及人工智能等领域都是语音识别所涉及的。在这些领域中，模式识别是语音识别系统中使用频率最高的。模式识别是处理和分析有关事物或现象的不同类型的信息，比如数字、文本和逻辑关联等信息，并加以描述、识别、分类和解释的过程，整个识别的过程在信息科学和人工智能的领域中十分常见。

3. 语音识别的系统分类

对输入语音的制约和限制的分类产生了语音识别系统的分类。

（1）根据说话者和识别系统之间的联系，识别系统可分为以下三类：

①限制到具体说话者的语音识别系统。认可并考虑到一个说话者的讲话内容。

②不限制说话者的语音识别系统。识别的语音与人无关，通常使用一个来自不同人的大型语音数据库来学习识别系统。

③多人识别系统。这种系统被称为基于群体的语音识别系统，通常能识别所要求的群体语音内容，要根据特定群体的语音作为日常的训练内容。

（2）识别系统也可以根据说话的模式分为以下三类：

①孤立词语音识别系统。在独立的单词识别系统中，每输入一个单词后都需要停顿一下。

②连接词语音识别系统。系统要求每个词都有清晰的发音，并产生了一定的连音现象。

③连续语音识别系统。连续语音输入是自然流畅的连续语音输入，语音的发音有许多延伸和变化。

（3）如果根据识别系统的词汇量多少进行分类，可以将识别系统分为以下三类：

①小词汇量的语音识别系统。通常包括几十个字，不会超过一百字的语音识别系统。

②中等词汇量的语音识别系统。通常包括几百到几千字的语音识别系统。

③大量词汇的语音识别系统。通常包括几千到几万个单词。随着计算机和数字信号处理器的计算能力的提升以及识别系统准确度的提高，识别系统的分类也会随着词汇量容量的变化而变化。目前可能是一个中型词汇检测系统，在未来，它可能变成一个小型词汇检测系统。语音识别系统的难度也将由这些词汇量的变化而决定。

4. 语音识别的应用领域

（1）办公室或商务系统

在商务和办公领域中的应用包括填写数据表格、管理和控制数据库、改善键盘功能等。

（2）制造业

在质量控制方面，语音识别系统可以提供不需要动手操作和肉眼检查的生产过程控制，比如用于零件检查。

（3）电信

电信是内容非常丰富的一类应用，甚至可以用在拨号系统中，包括运营商服务自动化、国际和国内电子商务、语音呼叫分配、语音呼叫筛选和分类订购等业务。

（4）医疗

医疗领域的主要应用是使用语音对专业的医疗报告进行生成和编辑。

（5）其他方面

其他方面包括一些可以通过语音控制和操作的游戏和玩具，语音识别系统也可以帮助残疾人出行和日常生活，以及对一些非关键的车辆功能进行语音控制，如车辆交通管理系统和音频系统。

（6）语音识别

语音识别已经成为一种发展趋势，并努力成为信息技术领域中人机界面的一项关键技术。语音识别和语音合成技术的结合使人们可以远离键盘上的操作，用语音命令实现目标操作。语音技术已经成为一个新兴高科技产业，并且应用的领域十分广泛，具有很强的竞争力。

5. 语音识别的基本方法

（1）基于声道模型和语音知识的方法

首先，分段和标号。把语音信号按时间分成离散的段，每段对应一个或几个语音基元的声学特性。然后根据相应声学特性对每个分段给出相近的语音标号。

其次，得到词序列。根据第一步所得语音标号序列得到一个语音基元网格，从词典得到有效的词序列，也可结合句子的文法和语义同时进行。

（2）模板匹配的方法

模板的匹配已经到了实用的阶段，因为模板匹配的方法已经发展到了成熟的阶段。在匹配方法的使用中，通常有四个阶段，分别为特征提取、模板训练、模板分类、判决。常用的技术有三种，分别为动态时间规整（DTW）、隐马尔可夫（HMM）理论、矢量量化（VQ）技术。

（3）人工神经网络的方法

20 世纪 80 年代末提出了一种新的语音识别方法，叫作人工神经网络。人工神经网络（ANN）从根本上讲，是一个模拟人类神经原理的自适应非线性动力学系统，具有适应性、并行性、生长性、容错性和学习性等特征，因其具有强大的分类和输入 / 输出映射能力能够在语音识别中使用。然而，它仍然处于尚未广泛使用的阶段，因为其具有训练和识别时间太长的缺点。由于人工神经网络在描述语音信号的时间动态上存在描述的偏差，因此，这个技术经常与传统的识别方法一起使用，这样能够更好地发挥各自的优点，开展语音识别工作。

（二）音频检索

1. 音频检索的定义

音频检索是指对声音的属性进行分析，根据语义的不同把不同的声音数据区别开来，从而使具有相同语义的声音在被听到时保持很高的相似度。音频有两种信号分类，分别是语音信号和非语音信号。音频信号处理的重点一直都集中在语音处理的方面，如语音识别和说话者的识别。

2. 音频检索的基本方法

首先，创建数据库，从声音系统数据中提取特征；其次，按特征对数据进行分组，用户使用查询界面选择一个查询实例，用户选择查询实例之后，开始属性值的设定，然后提交查询；最后，系统会自动检索用户选择的例子的属性。特征矢量的查询是通过结合属性值和对特征矢量进行模糊聚类来确定的，然后搜索引擎将特征矢量与聚类参数集进行匹配，按照匹配的关联性排序，并通过查询界面将特征矢量反馈给用户。

3. 音频检索中对音频特征提取的方法

寻找特征进行提取是指找到原始音频信号的表达方式，提取最有针对性的原始音频中的数据。

音频特征的提取一般有两种技术手段，一种是从叠加的音频帧中提取特征，因为音频信号在较短时间内都比较平稳，所以提取的特征会比较稳定；另一种是从音频片段中提取，因为时间上的连续性是所有语义的一个基本特征，在较长的一段时间内提取的音频特征对于语义信息的获得是非常有效的，音频片段的特征通常会以音频帧的统计特征为基础。

首先，帧的形成要对音频数据进行加窗处理，加窗大小在几到几十微秒，相邻帧之间一般有 30%～50% 的叠加；其次，对每一帧作离散傅里叶变换（DFT），实际上常用快速傅里叶变换（FFT），得到傅里叶系数 F（w）和频域能量，其中 $\bar{w}=fs/2$，fs 为采样频率；最后，使用不同的计算方式算出帧特征，然后对帧特征的标准偏差、数学期望值和方差进行计算，将帧特征应用为片段特征。

4. 音频分类技术与方法

音频分类在音频检索的过程中起到了基础性的作用。音频结构化的基础就是音频的分类技术，使用音频分类技术有助于音频流的结构化，只有音频流得以实现，音频内容结构化才有了基础。

首先，应提供适量的训练样本，比如选取足量的音乐文件；其次，提取样本特征，进行聚类处理，将每类的全体文件看成一个音频数据来处理，计算该类的样本模板。在判断文件类别时，与计算音频相似度类似，计算音频的模板与各类模板间的距离，当距离小于某一阈值或为最小距离时，则此时的类即为文件所在的类。

5. 音频检索的应用与发展

国内外已经开发出了多种音频检索原型系统。如 MELDEX 系统、QBH 客户端、ECHO 以及由我国上海交通大学的薛锋、杨宗英、郑巧英和黄敏等研发的音乐检索系统。

音频检索在互联网检索页面中具有重要的现实意义，如 Google、Podcastle 等。多媒体技术、数据库技术、网络通信技术和信息压缩技术等技术的逐渐成熟，以及更多国际标准的出台，为音频检索提供了更多的技术支持和发展空间。

第三节　数字媒体视频的技术

一、数字媒体视频技术的基础知识

（一）数字媒体视频的基本概念

从动画这类艺术出现的伊始，人们就在寻求能够记录、显示和传输移动图像的方法。自电影和模拟电视走入千家万户，数字视频技术飞速发展，应用范围不断扩大，技术手段也在不断地开拓创新。

通常我们所说的视频可以分成两类：模拟视频和数字视频，这两种类型的视频中的许多概念是相似的，只在技术表达上有所区别。数字视频是在数字视频技术得到发展的基础上成熟起来的，数字视频主要是通过把模拟的视频信号通过滤波、采样、量化等方式转化为以 0、1 为代码的数字视频信号，使视频可以被压缩，并可以存储在硬盘、硬磁盘或 CD-ROM 等数据介质上。

（二）模拟信号与数字信号

模拟信号由连续波组成，也就是连续的、不断变化的波形形成了信号，信号的值存在一定的波动，但也是在固定的范围中，信号主要由信息载体如空气和电缆等来传输；然而，数字信号是以分离的、精确的点来传输，二进制信息组成了数值的信息。

与模拟信号相比，数字信号具有许多优势，其中最重要的一点是数字信号具有高度的准确性。模拟信号在传输过程中的每次复制或传输，信号都会受到影响，被衰减，噪音混入了信号当中，导致信号的准确性大大降低。但数字信号却可以很容易地从混合噪声中区分出原始信号，并对其进行修正。因此，数字信号可以满足大众更高的信号传输要求，提高电视信号传输的标准。

我国目前正在进行从模拟视频到数字视频的全面过渡，这种过渡正在各个专业领域里进行。在电视广播领域，高清晰度的数字电视对以往传统的模拟电视提出了挑战，更多的家庭能够观看数字有线电视或数字卫星节目。由于DV摄像机的流行，非线性编辑技术已经从专业电视机构传播到了普通家庭，人们可以随时随地记录生活。随着手机和移动媒体进入大众生活，数字视频的观看和使用已经变得十分方便和快捷。

（三）帧速率和场

当一系列连续的图片映入眼睛的时候，由于视觉暂留的作用，人们会错误地认为图片中的静态元素动了起来。而当图片显示得足够快的时候，人们便不能分辨出每幅静止的图片，取而代之的是平滑的动画。动画是电影和视频的基础，每秒显示的图片数量称为帧速率，单位是帧/秒（fps）。大约10帧/秒的帧速率就可以产生平滑连贯的动画，低于这个速率，会产生视觉上的跳动感，感觉像在看幻灯片。

传统电影的帧速率为24帧/秒，严格说不叫帧，应该叫格，即每秒24格。在美国、日本、韩国等使用NTSC制式作为标准，电视视频的帧速率大约为30帧/秒；在使用PAL制式的中国大部分地区、印度、澳大利亚和大部分欧洲国家，电视中视频的帧速率为25帧/秒。另外，使用SECAM制式的法国、俄罗斯、中东和大部分非洲国家，电视中视频的帧速率同样为25帧/秒。

如今，人们可以从越来越多的来源接收到视频图像，如电视、电影院大屏幕、电脑显示器等，现在手机屏幕已经成为获取视频最快捷的方式。当人们获取到精彩的视频时，有没有想过这些图像是如何制作出来的？举一个计算机的例子，人们在看电影的时候，电脑显示器展示出来的画面是非常流畅的，因为显示器屏幕是不断更新的，在更新和刷新的过程中电脑在进行高速计算，从而每秒可以向人们同时呈现几十幅图像。这时，图像信息给人的感觉是非常平滑的，即使进行画面的滚动刷新，也没有明显的延迟出现，这种流畅的感觉被称为显示器的刷新率。那么每一帧的画面是如何显示的呢？显示器一般会采用逐行扫描的方式，也就是从屏幕左上角的开头开始一行一行地进行扫描，每一个点会连成一条线，然后形成画面，按照1、2、3……的顺序进行。

对于传统电视来说，虽然同样采用扫描方式显示图像，但是其中的运算方式却不一样。传统电视采用扫描一行，间隔一行，然后再返回来将间隔的一行进行填补。

（四）分辨率和像素宽高比

电影和视频的影像质量不仅取决于帧速率，每一帧的信息量也是一个重要因素，即图像的分辨率。理论上分辨率越高，则图像越清晰。例如，一幅同样大小的图像，如果分辨率不同，则像素也就不同，分辨率高的像素就多，所以较高的分辨率可以获得较好的影像质量。

像素宽高比的概念比较复杂，简单地说，用图形软件创建的图像文件的像素宽高比基本上是 1，而宽高比指的是每一个像素的宽度和高度之比。但是电视上播放的视频的像素宽高比为 1 的比例很小。所以了解像素宽高比的定义很重要，因为它意味着，水平和垂直像素之比在一般情况下不能和画面宽高比（或帧宽高比）的定义相等。

帧宽高比或者说是电影的宽高比，一般有标准 4∶3 和宽屏 16∶9 两种电视格式。现在比较流行的 16∶9 的画面更符合人眼实际能够看到的宽和高。另外，也有更宽格式的电影供人们选择。PAL 和 PAL 制式都是我们可以考虑的其他比例。

（五）颜色空间

颜色空间也属于一种数学方法，但是它是用来表示颜色的。颜色空间可以识别、想象和创造色彩。颜色空间中的颜色确定通常由代表三个参数的三维坐标组成，这些参数并不会直接表明它是什么颜色，但它的颜色会通过所用的坐标体现出来，也就是会显示出颜色在整个空间中的位置。

1. 光和颜色

可见光是一种电磁波，其波长在 380～780 纳米（nm）之间。人们肉眼能够看到的大多数光不是单一波长的，而是许多不同波长的组合。如果一个光源只由一个波长组成，它被称为单色光源。单一光源具有能量，也可以称为强度。在生活中，很少有光源是单色的，大多数光源都由多种波长形成，每个波长的光都有自己的能量。分析光源中不同波长光的组合就是光源的光谱分析。

视觉系统对可见光感知的结果就产生了不同的颜色。研究表明，人类视网膜包含三种类型的锥体细胞，它们对红色、绿色和蓝色的敏感性不同。三种类型的锥体细胞——红、绿、蓝，它们能感知不同频率和不同亮度的光线。

每一种自然形成的颜色都可以由R、G和B三个颜色值的总和来决定，用这三种颜色作为基色，构建了一个RGB色彩空间，红色的基色波长为700纳米，绿色为546.1纳米，蓝色为435.8纳米。

某一个颜色就是R（红色百分比）、G（绿色百分比）和B（蓝色百分比）的总和。只要这三色中的一色不是由另外两种混合形成的，就可以选择百分比不同的三基色来创造出不一样的颜色空间。

2. 颜色的度量

图像的数字化首先要考虑的问题就是如何用数字对颜色进行定义和区分。国际照明委员会提供了一个对颜色描述的一般定义，用三种颜色的特征来区分颜色，分别是色相、饱和度和明度，它们是色彩的内在和独特特征，更利于颜色之间的区分。

色相，也被称为色调，指的是一种颜色的外观，通过名称或类型来区分一种颜色。红色、橙色、黄色、绿色、青色、蓝色、靛蓝和紫色这些术语被用来描述色调。“色彩”是一种术语，被用来描述一种可感知的色调。

饱和度是指一种颜色的区域与明暗亮度的关系，是指颜色的纯度，可以用来确定一种颜色的明或者暗的程度。完全饱和的颜色是指没有夹杂着白光的颜色。例如，只由一个波长组成的光谱颜色，没有白光的参与，也就是真正意义上的完全饱和的颜色。

明度是人类视觉系统中的一个属性，用于感知一个可见物体的发光或发射的光量。明度的高低和人类的感知有关。由于明度难以测量，国际照明委员会定义了一个更容易测量的物理量，称为亮度，即光亮发射的能量大小。明度的一个极端是黑色（无光），另一个极端是白色，而两个极端之间的地带是灰色。亮度是人类视觉系统对亮度的感知高低值，可以作为颜色的空间维度大小进行处理，而明度的定义只适用于明亮的物体。该术语用于表示反射或半透明的表面。

3. 颜色空间的分类

颜色空间可以从技术的角度分为三类：

（1）RGB 颜色空间 / 计算机图形颜色空间：这类模型主要在电视和计算机图形的颜色显示系统中使用。例如，RGB、HSI、HSL 和 HSV 都是颜色空间的类型。

（2）XYZ 型颜色空间 /CIE 颜色空间：这类颜色空间的名称是国际照明委员所规定的，是基本的色彩测量方法和手段，因而在国际上被统一使用。例如，CIE1931XYZ、Lab、Luv 和 LCH 颜色空间可以在空间的转换中起到过渡的作用。

（3）YUV 型颜色空间 / 电视系统颜色空间：这类颜色空间的开发主要是基于广播电视推广的要求，主要目的是传输彩色电视图像，传输的手段是将色度信息进行压缩。这类颜色空间的例子有 YUV、YIQ 等。

二、数字媒体视频的编辑技术

（一）数字媒体视频的编辑基本概念

有许多应用程序都具有编辑数字媒体视频文件的功能。这类程序被称为数字视频编射器或简称为视频编辑器。能够编辑数字视频数据的软件也称为非线性编辑软件，当然这是相对于传统的磁带和电影胶片的线性编辑而言的。数字视频编辑器的范围很广。既包括功能非常简单的软件，也包括非常专业化的软件。常见的数字视频编辑方法如下：

（1）三点编辑，通过设置三个编辑点来确定来源素材的内容、持续时间以及序列中位置的编辑方式。Final Cut Pro 在执行三点编辑时，会自动计算第 4 个编辑点。

（2）延长编辑，将编辑点移动到时间线的播放开始处进行的编辑方式。

（3）适配填充编辑，将片段插入到序列中，并使插入部分的时间长度正好与预定轨道的空间量相匹配的一种编辑方式。

（4）插入编辑，将片段项插入到时间线上现有的序列中，并使该位置之后的片段（或片段的其余帧）向右移动的编辑方式。插入编辑并不会替换已存在的素材。

（5）覆盖编辑，用编辑到序列中的片段替换序列中已有片段的编辑方式。覆盖编辑的序列时长保持不变。

（6）替换编辑，用另一个同样长度的不同镜头代替序列中现有的镜头。

（7）举出式编辑，一种素材从时间线上删除后还能留下相应空隙的编辑方式。

（8）波纹式编辑，改变序列中片段入点或出点的一种修剪编辑方式。当调整（波纹）一个片段的时间长度后，整个序列的长度会随之缩放。

（9）卷动式编辑，对共享一个编辑点的两个片段都产生影响的一种编辑方式。出片段的出点和入片段的入点同时改变，但序列的总时间长度保持不变。

（10）滑动式编辑，将整个片段连同它左右两边的编辑点一起移动的编辑方式。被移动片段的时间长度保持不变，但位于它左右两边片段的长度会改变，以适应该片段的新位置。序列及这三个片段的总时间长度不变。

（11）滑动编辑，是将剪辑的开始和结束点的位置同时改变的一种编辑方式，但标记素材的位置和时间保持不变。

（12）分割编辑，是剪辑的视频部分长于音频部分，或音频部分长于视频部分的一种编辑类型。例如，在一个片段的开头，音频比视频长，所以先播放音频，再播放视频，先听到声音再看到视频的内容，也称为 Ledits。

（13）叠加编辑，是将轨道上的剪辑片段放在时间线的开始部分的一种编辑技术。如果没有在时间线和画布上指定进入或退出点，则使用先前编辑的片段进入和退出点来确定传入片段的持续时间。叠加编辑是在视频片段上覆盖字幕和文字的方法，以创建其他的效果。

（14）多机位编辑，是指允许用户同时回放和预览来自多个机位的素材，并在它们之间进行实时编辑的一种功能。

（15）离线编辑，是一种用较低分辨率编辑素材的方法。这种方法可以节省设备或硬盘上的空间。编辑完成后，可以用更高的分辨率格式重新更新素材，也可以创建 EDL，在另一个系统上重复编辑该素材。

（16）编辑图像，该命令允许用户在录像带上进行再次编辑，比如进行精准的帧的插入编辑和覆盖编辑的处理方式。

（17）打印至视频，Final Cut Pro 中的一个命令，允许用户将片段或序列发送给视频或音频输出设备，以便录制到录像带上。

（18）渲染，视频和音频可以应用任何效果，比如转场或滤镜。一旦渲染，序列就能实时回放。

（二）数字媒体视频的编辑流程

视频编辑在模拟的时代主要是通过特殊的编辑设备来完成的，需要许多特殊的录像设备和磁带来组合场景和各种效果，而且录制的内容总是记录在磁带上，并且以线性结构的方式被记录下来，因此，被称为线性编辑。在数字技术得到快速发展之后，引进了专门的线性编辑设备，使得素材的处理更加方便和快捷，而不必跟踪其在磁带上的线性位置。事实上，计算机也属于一台非线性编辑机器，因为所有的材料都存储在磁盘上，可以在任何时间和条件下对任何时间收集的素材进行处理。

基本上所有的软件都有类似于相册的界面，允许用户按顺序排列收集到的素材，更复杂的软件还有时间轴视图的功能，用户需要的所有场景、声音和额外内容都在时间轴上按顺序显示。

差不多所有的视频编辑软件都会提供两个轨道，一个是视频的轨道，还有一个是音频的轨道。编辑的过程如下：视频场景、字幕或图像按照将要展示的顺序放在视频的轨道上，然后在场景之间添加一些特定效果，使帧之间的过渡看起来很自然，使用场景过滤器对图像质量和效果进行一定的调整，必要时添加特殊效果，如慢动作等。在音频轨道的处理方面，可以使用场景原本带有的声音，当然也可以选择添加背景音乐和各种声音效果，还可以用人声填充音频的轨道。最终，所有的音频和视频轨道都可以根据时间线按照顺序来播放。

根据编辑的处理过程，我们认识到对于普通用户来说，两个视频和三个音频轨道已经可以满足使用需求了，但对于有专业要求的用户来说，在更多的视频和音频的轨道上编辑会更加方便。专业程度比较高的编辑软件对于轨道的数量没有限制。但在现实使用的过程中，软件的开发者会限制轨道的数量，更多是因为产品的差异化以及用户的定位，而不是因为技术实施的困难。

在 Premiere 中可以把各种不同的素材片段组接、编辑、处理，最后生成一个 AVT 或 MOV 格式的文件，其操作是由菜单命令、鼠标或键盘命令以及子窗口中的各种控制按钮和对话框选项的配合完成的。在操作过程中，可对中间或最后的视频内容进行部分或全部预览，以检查编辑处理效果。视频的编辑一般包括如下几个步骤：

（1）确定视频剧本和准备素材数据文件。

（2）启动 Premiere 系统，打开剪辑（Clip）子窗口进行素材的浏览和定义，用项目（Project）窗口记录素材和以后的编辑操作。

（3）打开建造（Construction）子窗口，将素材逐一排列在构造窗口的轨道上。此时，如果需要在两段素材间加入切换或过渡的特技。要将两段素材分别放置在视像不同的 A 或 B 轨道上，另外，对静止图像要设置持续时间。

（4）打开过渡（Transitions）子窗口（也称为切换窗口），在建造窗口的 T 轨道上定义切换特技效果和参数。

（5）利用剪辑（Clip）菜单中提供的滤波器对视像序列进行特技处理。

（6）利用标题（Title）窗口和标题菜单生成标题文件，该文件数据包括文字和几何图形。

（7）建造窗口中的 S 轨道可以把带有标题的文件和视频的片段导入进去，S 轨道可以与 A 或 B 轨道重叠，并产生一定的效果。

（8）在为视频配音时，可以在建造窗口的音频轨道上放置声音的素材片段，开始调整效果和位置的统一。

（9）预览、编辑和调整。

（10）及时存储项目文件，避免已进行的步骤丢失和文件的意外损害。

（11）视频的编译（Make Movie）。首先设置编译的参数，然后进行编译的程序。在编译的过程中，生成一个 AVI 或 MOV 文件通常需要很多时间。一旦编译完成之后，产生的视频文件将自动插入剪辑窗口并开始播放。

（三）数字媒体视频的常用编辑软件

目前，数字视频编辑软件有很多，在本小节中，会介绍其中常用的几种编辑软件。

1.Adobe Premiere

Premiere 是 Adobe 公司的一个具有非线性特征的视频和音频编辑软件，如今在影视的制作方面被广泛应用，常见于电视、广告制作以及电影编辑等领域的制作过程中，并成为 PC 和 Mac 平台上最受欢迎的视频编辑软件。

最新版本的 Premiere 改进了 DV 数字图像和网络编辑方面存在的问题，对

Windows 和其他跨平台上的 DV 和所有网络图像的编辑都提供了剪辑上的便利支持。Premiere 的“编辑原稿”命令可以让用户再次修改拖入的图形或图像，而且用户还可以添加新的图形或者是图像。另外，关键帧的移动、删除和编辑等操作的功能，是高级 2D 动画控制的理想选择。

将 Premiere Pro CS6.0 与 Adobe 公司的 After Efects CS5 配合使用，可使二者发挥最大功能。After Effects5.0 是 Premiere 的自然延伸，主要用于将静止图像推向视频、声音的综合编辑。它集创建、编辑、模拟、合成动画、视频于一体，综合了影像、声音、视频的文件格式，可以说在掌握了一定技能的情况下，想象的东西都能够得以实现。

2.EDIUS

EDIUS 也是一种具有非线性编辑特点的软件，而且是专门为广播和后期制作环境设计的，特别是在新闻播报、无磁带的视频直播和录音等领域应用的范围比较广泛。EDIUS 是一个全面的工作流程，设立的基础是文件，并且能够提供实时、多数量的轨道、多格式的混合、合成、色键、字幕和时间线制作等内容。除了程序中的 EDIUS 格式外，还支持 DVCPRO、P2、Vari Cam、MXF、XDCAM 和 XDCAMEX 等类型的视频内容。同时，所有 DV 和 HDV 摄像机和录像机的内容也是可以进行编辑的工作。

3.Media Studio Pro

Premiere 在专业领域使用的频率较高，但对于一般形式的网络教育和娱乐应用，Premiere 的可用性较低，而 Media Studio Pro 则是针对普通用户的最佳选择。

Media Studio Pro 主要的编辑应用程序是 Video Editor（和 Premiere 的视频编辑程序比较相似）、Audio Editor（声音编辑）、CG Infinity 和 Video Paint，其中包括视频编辑、电影特效和 2D 动画制作等多种程序，使其成为一个集成性较高的综合视频应用程序。它和 Premiere 在 Video Editor 和 Audio Editor 这两个程序上的区别并不大，Media Studio Pro 的主要特色在于 CG Infinity 和 Video Paint 这两个在动画制作和特效绘图方面的程序。

CG Infinity 是一款基于矢量的 2D 动画软件，使用感和 CorelDraw 类似，可以绘制和编辑对象，能力也比较突出，CG Infinity 比传统的绘图软件的功能性也要强得多。典型的功能有运动路径工具、对象样式面板、颜色和阴影功能。Video

Paint 的使用流程和 2D 绘图软件类似，但其具有非常强大的效果过滤器和百宝箱功能。

4.Corel Video Studio

虽然 Media Studio Pro 软件很容易学习和理解，但对于普通工人、学生或其他家庭娱乐的人群来说，它的专业性和通用性还是太强了，不太容易适应。而另一款编辑软件 Corel Video Studio（会声会影）则是一款易于使用的视频编辑软件，是完全针对家庭娱乐和个人纪录片制作而设计的。

Video Studio 具有与 Media Studio Pro 完全不同的用户界面，并具有动态电子贺卡和发送视频邮件等特殊功能。Video Studio 使用了更受欢迎和更加便捷的在线教程，可以帮助用户编辑视频和处理图片素材，这个流程可以分为 8 个步骤，开始→拍摄→故事板 1 →效果→叠加→标题→音频→完成。此外，还有一个帮助文件可以显示操作的方法和相关的注意事项说明，以便用户能够快速了解每个过程的操作。

Video Studio 提供一共 12 个类别的 114 种转场效果，可以采取拖拽的方式进行使用，每个效果都可以做到详细的处理，因此使用起来非常简单和便利。此外，还可以在电影中添加字幕、旁白或动态的标题文字。Video Studio 不仅可以对以前的电影文件进行编辑处理，如 AVI、FLC 动画、MPEG 电影文件，还可以通过生成可执行的 .exe 文件将完整的视频记录添加到贺卡中，通过内置的网络发送功能进行发送，视频记录还可以通过电子邮件发送或作为网页自动发布。如果有合适的视频储存卡，还可将 MPEG 电影的文件转录成家庭录像带（VHS）。

5.Corel Digital Studio2010

康利公司的 Digital Studio2010（视听宝典）结合了照片管理、照片编辑、视频编辑、DVD 刻录、DVD 播放和其他功能为一体，全面整合了用户需要的所有多媒体应用。

Digital Studio2010 主要有以下几种编辑应用程序：

（1）Paint Shop Photo2010

这个是最容易使用的图像管理和照片编辑软件，只需一次点击就能调整照片的效果，还可将照片导出到日历、数码相册、卡片和更多的位置。

（2）Video Studio2010

能够以最快的速度编辑电影和创建特殊效果，并完全兼容 AVCHD 和其他高清格式的编辑和输出，还有菜单模板供用户选择。

（3）DVD Factory2010

这是一个用于转移胶片和刻录光盘的工具。可以设置任何菜单风格，自定义标题和章节，刻录光盘或直接输出到 iPhone、iPod、PSP 和其他设备，可以在任何时间、任何地点观看电影。

（4）Win DVD2010

兼容杜比音频、M2T、M2TS、DVD、AVCHD 等高清视频和音频文件或光盘播放，为用户提供多样的观看体验。

6.DVD Picture Show

（1）创建电子相册不需要高分辨率的图像。DVD Picture Show 可以创建分辨率高达 704×576 DVD 质量的电子相册。即使用低像素的数码相机，如 35 万像素，甚至是网络摄像头或扫描仪拍摄的照片，其效果也非常好。DVD Picture Show 有一个简单的、引导式的工作流程，电子相册的制作主要借助自由拖放照片的排序和功能完备的菜单模板来实现。

（2）多张电子相册可以被添加到一张光盘中。DVD Picture Show 允许用户在每张光盘上添加最多 30 个相册，每个相册可以存放 36 张照片，使用户可以轻松存储和分类不同的照片。

（3）个性化电子相册的建立，用户可以在每个菜单和相册中添加一些 MPEG、WAV 或 MP3 音频文件作为照片的背景音乐，或将每个菜单的背景改为自己想要的照片，这是创建个性化电子相册的主要方法。

（4）可以对所安装的刻录机自动识别，先进的防刻死 Burn-Proof 技术可以减少缓冲区的中断错误，防止刻坏光盘的情况。使用 DVD 生成的电子相册可以和大多数家用 VCD/DVD 播放器相连接。

7.Windows Movie Maker

Windows Movie Maker 是 Windows XP 系统中自带的一个视频编辑软件。用户可以使用这个软件轻松创建和编辑视频，支持 WMV、AVI 等格式的视频文件。Windows Movie Maker 具有添加视频效果、创建视频标题、添加字幕和更多功能。

编辑完成后，可以根据自己想要的清晰度、大小、码率进行保存。

8.iMovie 与 Final Cut Pro

iMovie 是苹果公司开发的一款视频编辑应用程序，是苹果电脑的 Life 套装应用程序的一部分。用户可以使用这个软件编辑自己的家庭纪录片或者是电影，文件的使用可以支持 DV 标准和全部的 Quick Time 格式。Final Cut Pro 的应用过程中可以使用所有 Quick Time 支持的媒体格式，因此，用户就可以使用之前录制的各种视频素材。在 iMovie 中还可以使用 Flash 动画文件，并使用高级编辑，具有 Adobe After Effects 等高端合成软件包中的合成功能。

三、数字媒体视频的后期特效处理技术

（一）数字媒体视频的后期特效处理简介

数字视频制作是制作过程的一部分，将数字视频制作中的不同元素，即编辑、重放录音、音乐和声音效果以及特殊效果，有机结合起来的过程就是后期制作阶段。在数字视频制作的早期阶段，主要是对单独的片段进行加工和处理。各个视频片段在后期制作中被加工处理之后，再将其组合在一起才形成了一部完整的数字视频作品。

数字媒体视频的完成要依靠数字视频后期制作提供的技术支撑，在好莱坞科幻大片的作品中，运用了许多后期制作技术，数字特效已经屡见不鲜。在影视作品中对技术和艺术的结合提出了更多美学和制作技术上的要求。后期制作对人们的生活产生了越来越大的影响。

“特殊效果”简称为特效。在数字视频后期制作中，特效可以用来重现过去，创造未来，如电影《侏罗纪公园》中的主角之一——恐龙，就是用数字特效创造出来的。影片中的恐龙给观众的观感是如此的逼真，视觉效果令人惊叹不已，带给人一种身临其境之感。

后期制作已经成为电影和电视剧提升视觉效果时不可缺少的重要环节。影视剧的后期特效制作主要是利用数字处理技术，并通过电脑的硬件和软件设备实现特殊视觉效果的过程。在硬件方面，随着技术的进步和数字效果在影视制作中的充分运用，原有的影视设备正慢慢被计算机所取代。后期制作行业中从业者的结

构也逐渐从专业人员转变到非专业人员。例如，在互联网上可以看到一些经典电影和电视后期制作的重新构建，也就是再创作。从软件的方面来看，目前影视后期制作软件往往具有多种功能，如非线性编辑软件就被广泛用于视频和音频的录制和处理、剪辑、特技制作、特效处理、声音编辑和处理、字幕制作、视频输出等功能。目前，最常用的制作软件是 Premiere 数字视频编辑软件、Photoshop 图像编辑软件，CorelDraw、Illustrator 等作为工作时的辅助软件。

数字视频后期特效在电影和电视剧中的具体应用和表现是什么？这里举两个例子，简单介绍一下。

1. 画面感

在电影《侏罗纪公园》中，出现了许多已经灭亡的生物不可能是真实存在的，但对古生物的数字模型的使用在特效方面达到了新的技术高度。同样，电影《大白鲨》中的特效也给人十分逼真的观感。电影和电视剧中的后期特效处理创造了一种视觉元素，使得影视作品中的画面表达更加具有想象力和创造力，并给观众带来耳目一新的感觉。

在电影《神话》中，成龙和金喜善在被悬崖峭壁包围的梦幻般的古墓中飞翔，这个古墓的场景就是用特效合成出来的，给人一种既真实，又梦幻的感觉，然后将演员的表演转移到特效的场景所实现的效果。此外，在天气预报的背景中，有时会看到广阔的海洋，有时会看到神秘的宇宙，这也是通过特效技术手段实现的。

2. 色彩感

在电影和电视剧特效的后期制作中，通过混合颜色可以更好地展现图像的色彩。例如，在经典电影《白蛇传》中，当蛇变成一个美丽的人形时，画面变得模糊，像蒙上了一层薄雾，白蛇的人形会显得更加美丽动人，这个过程就是通过后期处理的色彩渐变功能而实现的。

在彩色影片尚未被发明的时候，所有的电影和电视剧都是黑白的，图像的质量也相对一般。如果我们要拍一部关于战争的电影，我们将如何展现色彩感并且给观众带来战争场面的冲击感呢？黑白电影也是需要进行后期制作工作的，利用色彩的变化来保持影片的单调，营造一种所在时代的年代感和怀旧的感觉。

数字视频后期特效制作不仅用于科幻片、惊悚片、战争片、恐怖片和心理片，还用于电视广告、广告宣传、电视节目，甚至是新闻节目的片头，由此可见，后期特效的应用范围十分广泛。

但是，中国的后期制作水平和好莱坞电影相比还有一定差距，需要更多的专家和从业者在提高我国数字视频后期制作上下功夫，并进一步探讨数字视频的后期制作这一技术问题的未来方向。

（二）数字媒体视频的后期特效处理技术的类型

20 世纪，迪士尼公司在手绘动画行业起着领头羊的作用，制作了许多经典的动画作品，如《阿拉丁》《狮子王》《花木兰》等，给许多儿童带来了快乐。然而，随着特效技术的崛起，迪士尼公司于 2005 年初关闭了位于佛罗里达州奥兰多的动画工作室，因为这家工作室主要的制作领域是传统动画，这直接导致了该工作室大部分员工失去工作，只有少部分的制作人员被转至加利福尼亚州的迪士尼公司总部。电脑特效为迪士尼和电影业开辟了一个全新的世界。

在过去的 30 年里，基于计算机数字特效的广泛使用是具有创新意义的。根据不同的应用类型，特效可以分为三类，分类的方法取决于它们在实际图像中的创建方式，这三类特效分别是补充合成型、创造合成型和特殊处理型。如今的电影大片基本上都是这三种特效类型相结合的产物。

1. 补充合成型

在广受欢迎的电影《阿甘正传》中也用到了特效技术，电影中有一幕是阿甘与已故总统肯尼迪握手的画面，这个画面就用到了补充合成型的特效，被电影迷们津津乐道。创作者使用了一种特效技术，将一个真实的图像与另一个图像结合起来，形成一个新结合的画面，可以得到更加真实的画面效果。补充合成型的特效是应用最早也是使用最多的数字特效形式，从同期电影《星球大战》《侏罗纪公园》到后来的电影《加勒比海盗》，都能看到此类特效技术的身影。

2. 创造合成型

在以 8 米高的大猩猩为主角的新版电影《金刚》中，基本技术显然不起作用了，因此必须使用创造合成型的特效。创作者首先使用 3D 软件为大猩猩建模。而动作追踪软件被用来捕捉物体的运动和轨迹，然后与现场拍摄的镜头相结合。在运用合成型特效的过程中，导演斯皮尔伯格和彼得·杰克逊是最有经验的，前者通过电影《侏罗纪公园》将恐龙的世界带给观众，后者则通过神奇的史诗电影

《指环王》开创了一个新的特效时代。观众和专家都认为《指环王》中的咕噜一角在特效的历史上留下了浓墨重彩的一笔。系列设计师和CG团队都应该感到高兴，他们将这个变异的哈比人角色如此完美地融入了电影。咕噜在电影中仅仅出现了两分钟，观众就接受了咕噜这个重要角色。随着剧情的发展，咕噜的角色形象更加立体化。到《指环王3》完成时，有超过1400种的特效镜头在电影中使用，成为电影史上使用特效最多的电影。一年后，粉丝们又看到了《危机四伏》《阴森恐怖骷髅岛》等电影中的另一个场景，即身高超过8米的大黑猩猩与自己体型相同的三只史前巨龙战斗的画面。精美的野兽模型显示了彼得·杰克逊在结合新旧特效方面的高超技艺。

3. 特殊处理型

最典型的特殊处理型特效在电影《黑客帝国》中有所体现，尼奥躲避子弹的场景十分的神奇。这个场景的制作过程是：摄像机不离开地面进行转动，使观众能够观看到这段美丽的360° 慢动作。我们一开始欣赏这个段落的时候，认为它是毫不费力自然展现出来的，但只有沃卓斯基兄弟知道这个画面是使用了怎样的特效生成的。一开始，他们的想法非常具有创造性，那就是在摄像机上安装一个小型发射器，这样摄像机转动起来的速度就能展现出360° 的拍摄角度。但在实验的过程中这个想法被否决了，因为摄像机在中途突然爆炸了。后来，特效导演约翰·加塔提出了一个方案，在拍摄的对象周围放置一圈摄像机，这样可以让摄像机快速连续地拍摄每一帧画面，然后再对这些镜头进行编辑或者其他的处理工作。以往的特效技术几乎完全基于电视广告、音乐录像或其他电影中使用的技术，而《黑客帝国》中的特效技术不仅展示了独特性，而且创造了《黑客帝国》中最佳的特技时刻。动画电影《暗黑扫描》使用插值软件将真实图像渲染成油画的质感，并形成了独特的画面效果。《暗黑扫描》虽然比之前的同类影片《半梦半醒的人生》工作量要小得多，但每位动画师每周的工作量也有100个镜头左右，相当于影片中的4秒，这是50名动画师耗费了近一年半的时间才完成整部影片。

微软联合创始人比尔·盖茨曾经对电影的发展提出了自己的看法，新一代的电影将是信息技术和人类文化的融合体。由技术创造出来的角色将完全取代人类塑造的角色，如果这种预言成为现实，计算机的特效技术将完全改变电影的制作方式。

（三）数字视频后期特效处理应用软件

1.Digital Fusion/Maya Fusion

加拿大 Eyeon 公司开发出了可以在电脑平台上使用，叫作 Digital Fusion 的专业合成软件。当 Alias/Wavefront 公司将其著名的 3D 动画软件 Maya 在电脑平台上推出时，并没有将其合成软件 Composer 也同时在电脑平台上推出，而是决定与 Eyeon 公司合作，将 Digital Fusion 和 Maya 的功能结合起来，通过合成软件配套使用，称为 Maya Fusion。Digital Fusion 是电脑平台上最好的合成软件之一，因为与 Maya 的结合使其更加出色。它重视流程式的操作技术，提供专业级的色彩校正、抠像、跟踪和通道编辑工具，以及 16 位色深、色彩查询表、场面编辑、胶片颗粒匹配和网格生成等功能，而这些功能通常只有大型专业软件才提供。此外，它的手动挡板制作的功能也具有自己的特点，其功能具有强大的竞争力。由于其具有独特的附加通道功能，它可以与 3D 软件（如 Maya）紧密合作，在 2D 环境中修改 3D 对象的材料、纹理、照明和其他属性。Maya Fusion 对素材的分辨率没有硬性的要求，用户可以对任何分辨率的素材进行编辑处理工作。这意味着 Maya Fusion 可以为从低分辨率的媒体和视频到电影的合成任务服务。此前好莱坞一向比较青睐于 SGI 平台和 Inferno 等软件，而 Maya Fusion 的出现在好莱坞占有了一席之地，并承担了许多特技电影的合成工作，如《乌龙博士》《精灵鼠》《世纪风暴》《极度深寒》。在电视节目方面，Maya Fusion 甚至更加成功。北美的许多中小型公司已经开始使用 Maya Fusion 作为其主要的合成软件，而许多大公司也将其在大型软件的使用过程中充当辅助的作用。在 NAB2000 大会上发布的 Digital Fusion3.0 是该软件的最新版本。该版本不仅能够提供以矢量为基础的绘图功能，还增加了以前没有的绘图功能，从而提高了这款软件的功能性。新版本的出现使 Maya Fusion 的地位就更加牢固了。

2.Inferno/Flame/Flint

Discreet Logic 是一家加拿大公司，一直是数字合成技术软件领域的领导者，其主要产品是 Infermo/Flame/Flint 软件系列，主要在 SGI 平台上运行。Inferno 由多处理器超级工作站 Onyx 提供动力，可用于 35 毫米电影特技的制作和编辑，以及从高清电视（HDTV）到传统视频的广泛应用需求。Octane、O2、Impact 等工作站可以承载 Flame 软件的运行，主要用于电视制作等领域。该软件已被北京大大小小的广告制作公司广泛使用，目前已成为国内电视广告制作行业的骨干力量。

虽然 Infermo/Flame/Flint 软件系列在规模、支持的硬件和处理能力上都有各自的特点，但提供的功能都非常的类似。它们都具有多功能的特效合成技术、完善的绘图功能和一些非线性编辑功能。从合成技术来看，其核心是 Action 功能，提出了一种面向层的构成方法，用户可以在 3D 空间中操作图层。许多的合成效果，如色彩校正、权像、跟踪、稳定和变形，都可以从行动模块中轻松快速地调用。用户还可以调用 3D 建模文件或用行动模块中映射的纹理创建 3D 字幕，并且让这些效果产生移动。Action 功能还允许用户对不同的灯光进行调节。在高端系统中，用户可以在 SGI 工作站的硬件支持下实时回放合成的显示效果。

新版本的 Inferno3.0、Flame6.0 和 Flint6.0 提供了一个新的模块化抠像处理工具，在面对复杂的抠图情况下能提供出色的抠图处理效果，还实现了半自动化手动挡板功能。通过绘图模块的使用，用户可以自定义画笔的形状，轻松地在屏幕上修饰、复制、修正画面，并对画笔进行动画处理。虽然它们的非线性编辑功能没有那么强大，但它们完全能够满足制作较短的节目，如广告、标题、MTV 和独立电影等功能。除了 Inferno3.0、Flame6.0 和 Flint6.0 这三个新的版本，Discreet Logic 公司还提供 Fire/Storm，一种基于 SGI 工作站的非线性编辑软件，这两种软件的功能都很强大，足以满足较长节目编辑的需要，并提供与 Inferno/Flame/Flint 类似的合成功能，但是画面合成的层次只能有 4 层，因此特别适合画面简单的、篇幅较长的节目。Discreet Logic 的这些专业软件因其强大的功能、性能和效率而成为大型专业后期制作公司的主要工作软件，但对于业余爱好者和许多小型制作公司来说却过于昂贵。

3.Edit/Effect/Paint

Discreet Logic 公司在高端合成软件市场上占有主导地位，并且不打算放弃其在 PC 平台上的 Edit/Effect/Paint 系列软件的低端市场份额。Edit 是专业的非线性编辑软件，可以和 Digi Suite 或 Targa 系列高端摄像机搭配使用，这会使 Edit 成为仅次于 Avid Media Composer 之外的非线性编辑软件。Effect 是一个合成软件，基础是层的使用，具有校色、抠像和跟踪等功能，和 Inferno/Flame/Flint 中的 Action 模块有很多相似的功能。Effect 的优势之一是它可以直接使用 Adobe After Effect 中开发的滤镜，这从很大程度上提升了 Effect 的功能。

Discreet Logic 公司成为 Autodesk 的子公司之后，Effect 就特别注重与 3DSMax 的合作关系，这方便了很多使用 3DSMax 作为主要 3D 软件的小型制作公司和业余爱好者。然而，Effect 作为合成软件开发的时间比较晚，很多功能还不太成熟，包括抠像和手动挡板等功能，无法与 Inferno/Flame/Flint 和 Maya Fusion 等比较成熟的专业软件相比。不过用户可以使用这个软件轻松地修饰动态图像，被称为“动态版的 Photoshop”。

该软件的矢量性质使得它很容易对画笔进行动画处理以适应绘制动态图像的需要。这个软件不仅在电脑端上可以发挥出绘图的优势，也可以和其他软件一起使用，虽占用内存小，但是功能强大。Edit/Effect/Paint 软件系列的相互配合使用有赖于 Discreet Logic 公司的协调。例如，Effect 和 Paint 可以很容易地从 Edit 中调用，以绘制和组合材料，这样的工作模式使得工作效率大大提高，使这套软件成为电脑端最具竞争力的后期处理解决方案之一。

4.After Effect

After Effect 的易用性与 Adobe 图形软件的简单兼容性以及带有大量的插件等特点，为用户的使用带来很大的便利性。许多主要制作三维动画的专业人员和使用苹果电脑进行非线性编辑的工作时，简单的合成工作中都会使用 After Effect 这个软件。然而，与前文提到的各种软件相比，这个软件操作简单易上手，但不是很专业。用它来合成一些简单的标题或合成一些简单的素材是可以的，但如果要解决更复杂的合成问题，如精细抠图和复杂的图像细节，使用 After Effect 进行处理的效果可能就不太理想。然而，就软件发展的未来方向来说，业余和专业软件之间的差距慢慢被软件的便利性弥补了。

当然，还有许多其他优秀的合成软件，如 Composer、Media Illusion、Softimage DS 等，由于篇幅有限，在这里就不一一介绍了。如果掌握了一两个合成软件的具体使用方法，并且对本节所阐述的数字合成技术原理有了一定的了解，就会总结出所有合成的软件都是实现这些原理的具体工具，除了界面的形式和使用方法外，基本上没有明显的区别。一旦对软件的原理有了融会贯通的理解，学习其他合成的软件就会易如反掌了。

第四节　数字媒体动画的技术

一、数字媒体动画技术的概述

（一）数字媒体动画的概念定义

数字媒体动画是使用计算机图形和图像处理技术并通过编程或动画制作软件而创造出的一系列连续图像，用于动态实时呈现。数字媒体动画的原理与传统动画在原理上没有什么大的差别，但数字媒体动画更多地使用了计算机技术作为处理和制作动画的工具，通过计算机的加工，数字媒体动画可以呈现出与传统动画截然不同的效果。数字媒体动画的应用范围广泛，从多媒体应用中的物体或字幕的移动到多媒体应用的动画，再到 CD–ROM 版的开场和结尾标题的设计和制作，甚至是电视、广告、建筑装饰、游戏的开场和结尾标题的制作以及计算机动画和电影特效的制作都可以通过数字媒体动画技术呈现出来。

（二）数字媒体动画技术的基本类型

1. 实时动画与逐帧动画

实时动画，也被称为算法动画，因为这种动画是使用各种算法来控制移动物体的运动。在实时动画中，计算机快速处理输入的数据，并在任意时间点显示结果，而人眼无法感知到这个时间点。实时动画会采用立即回放的方法展示刚刚生成的片段，因此其生成频率必须满足更新频率的要求。产生实时动画的速度与许多因素有关，如计算机的速度、图形计算软件或硬件的应用、被渲染的场景的复杂性、动画图像的分辨率等。实时动画通常不需要存储在一些媒介上，观看时直接在显示器上实时显示。实时画面还应用在游戏中的运动画面，而游戏是在人机互动下实时进行的。分形算法实际上也是实时动画的一种形式。

逐帧动画是通过一帧一帧显示动画的图像序列而实现的运动效果。对于逐帧动画，场景中每一帧是单独生成和存储的。然后，这些帧可以记录在相应的存储媒介上或以实时回放的模式连贯地显示出来。简单的动画可以实时生成，而复杂动画的生成要慢得多，通常是采用逐帧生成的方法。然而，无论动画复杂与否，有些应用始终要求实时生成，比如，虚拟现实与电子游戏。而计算机动画片和影视特效等的画面质量要求很高，则往往采用逐帧生成的方法，都属于逐帧动画。

2. 网络动画

通过网络传输的动画当然是计算机制作完成的，属于计算机动画类型。这类动画必须适合网络传输的特点，也就是制作完成的文件必须尽可能小。网络动画由于采用了矢量图形，其文件可以很小，一个几分钟的作品，甚至只有几百 KB 大小。网络动画不仅文件很小，而且画面的线条简洁、颜色鲜艳，对计算机硬件的要求不高，软件操作也比较容易，很适合个体创作。同时，网络动画充分利用了网络的交互特性，所生成的动画往往还可以具有交互功能，可由观看者去控制动画的进程和变化。正是由于网络动画采用的是矢量图形，因此，它的画面质量与采用像素点阵图形的影院计算机动画片是不可相提并论的。后者画面的色彩种类、灰度层次、线条笔触远远优于前者。

目前有很多创建网络动画的软件，其中 Flash 是近年来比较受欢迎的软件，也是应用最广泛的网络绘画制作软件。它不仅支持动画、声音和互动功能，而且还提供了直接从网页上生成代码的多媒体编辑功能。Flash 之所以被广泛使用，是因为它使用了矢量图形和流媒体技术，可以忽视一些网络传输速度慢的障碍，而且它的透明和物体变形技术便于创建复杂的动画，为网络动画设计师提供了无限的灵感来源。

二、数字媒体动画的生成技术

运动是动画的本质，动画的生成技术也就是运动控制技术。为了实现各种复杂的运动形式，动画系统一般提供多种运动控制方式，以提高控制的灵活度以及制作效率。数字媒体动画生成技术主要有关键帧动画、变形物体动画、过程动画、关节动画与人体动画、基于物理模型动画以及动画语言等。

（一）关键帧动画

传统的动画电影制作是关键帧概念灵感的起源。在早期的沃尔特·迪士尼工作室，动画电影的主要画面会被经验丰富的动画师创作出来，这个主要的画面会被称为关键帧，然后经验有所欠缺的动画师会对中间帧进行设计。在三维计算机动画中，计算机生成中间帧，也就是说原先设计师的部分工作被计算机所取代了，插值这一部分也是由计算机来处理。关键帧参数的来源是位置、旋转角度、纹理参数等所有影响画面的参数。关键帧是最简单和最广泛使用的计算机动画技术。而样条驱动动画是另一种设置动画的方法。

（二）变形物体动画

变形指景物的形体变化，它是使一幅图像在 1～2 秒内逐步变化到另一幅完全不同图像的处理方法。这是一种较复杂的二维图像处理技术，需要对各像素点的颜色、位置做变换。变形的起始图像和结束图像分别为两幅关键帧，从起始形状变化到结束形状的关键在于自动生成中间形状，即自动生成中间帧。

（三）过程动画

过程动画指的是动画所描述的是一个物体运动或变形的过程。过程动画常常和物体的变形有关，物体的变形在过程动画中是根据数学模型或物理规律进行设计的。在最简单的过程动画中，一个物体的几何形状和运动是被一个数学模型所控制住的。更复杂一些的动画包括物体变形、弹性理论、动力学、碰撞检测等物体运动。而粒子系统动画和群体动画是另外一种类型的过程动画。

（四）关节动画与人体动画

协作动画正成为一个越来越受欢迎的研究课题，因为在三维计算机动画中使用人体作为主角一直是研究人员想要进一步研究的方向。这一领域的重要早期工作可以在动画片《Tony de Peltrie》和《Rendezvous a Montreal》中看到，这一领域近期的工作也令人印象深刻，例如《终结者 2》和《侏罗纪公园》电影中的精彩表现。尽管计算机制作的动画应用变得越来越广泛，但有些方面的问题还是没有得到解决，比如人类和动物动画的形象。人体有 200 多个自由度和不断运动的形态，人的外形也没有什么规律性，肌肉随着身体的运动而变形，人的个性和表情也千变万化，每个年龄段都有不同的特征。此外，由于人们经常注意和观察自己的动作，观察者很容易注意到不协调的动作。人体动画可能是计算机动画领域中最有研究难度的领域了。

创建关节动画的有效方法就是以正向或逆向的运动学方法，通过固定关节旋转角度来创建关键帧，可以对相关肢体的具体表现有所了解，这种方法通常被称为正向运动学方法。

动力学方法比运动学的方法能够产生更复杂、更真实的运动，而且需要的参数相对较少。然而，动力学方法需要相当密集的计算，而且很难控制精确的参数。

在计算机制作动画的过程中，很难在保持控制的同时创造出有趣和比较真实的虚拟实体，而且往往要在复杂性和控制效率之间做出权衡。优化的方法经常被用来自动生成固定关节的动态控制系统。例如，刺激—反应对的算法的提出，成功地生成了二维刚体模型的运动；有学者提出可以自主生成三维虚拟动物的方法，这种方法能够应用到不是固定形态的三维动物身上，不需要用户进行烦琐的设计规范工作，该算法自动生成了动物的形态和肌肉神经系统。

（五）基于物理模型的动画

20 世纪 80 年代末兴起一种新的计算机动画技术，这种技术是基于物理模型开发出来的。它属于一种三维建模和运动模拟的技术，近些年来，在图形学中得到应用，具备了一定的竞争优势。虽然它在计算上比传统的动画方法更复杂，但它可以真实的对各种自然物理现象进行模拟，而传统的基于几何的动画生成方法则无法做到。著名的动画软件 Softimage 以其基于动力学的动画功能受到广大用户的欢迎，这种方法可以处理复杂的动态模型，如重力、风、碰撞检测和其他内容。

传统的动画制作方法需要先描述物体在某一时刻的瞬时几何位置、方向和形状，因此，为了模拟真实的自然运动，动画设计者必须根据自己对真实物理世界的直觉，仔细、耐心地调整，并设计出动画。

然而，正如我们所熟悉的日常物理世界，真实物体的运动往往是不能够被计算和预测出来的，使用传统的动画设计技术通常很难实现像真实世界一样的结果。现在，在模拟特定的物体运动时，很多动画师需要借助一些特殊的软件进行设计制作。基于物理学的动画技术考虑到物体的质量、惯性矩、弹性以及摩擦力，也就是物体的一些实际情况下的特性，并利用动力学原理对物体的运动自动生成。当外力作用于场景中的物体时，根据标准动力学方程可以用来自动生成物体在任何时间瞬间的位置、方向和形状。在这一点上，计算机动画设计者不需要处理物体运动的细节，只需要获取物体的质量和外力等物体运动中的一些物理属性和限制条件。

近年来，许多研究都针对动力学方程在计算机模拟中的应用展开，并提出了许多运动产生的方法和模式。刚体运动模拟、塑性物体变形运动以及流体运动模拟三种方法就是从这些研究中总结出来的。

（六）动画语言

根据程序语言进行开发的系统就是最初的计算机动画系统，这类系统入门门槛比较高，刚开始学习电脑的初级使用者一般不能够操作。为了改变这一状况，开发了一种新的动画语言，即计算机动画制作程序语言，它的研究和应用使得动画系统的使用门槛降低了，普通的用户也能够使用计算机动画系统制作动画。

三、数字媒体动画的制作技术

计算机图形学和计算机动画生成技术是计算机动画制作技术的基础条件。这里从影视动画片的制作来讨论计算机动画的制作技术。影视动画的制作过程主要包括动画制作和后期合成两大部分。

（一）数字媒体动画前期设计技术

1. 建模

三维模型是一个物体的多边形态，通常可以在计算机或其他视频设备上显示出模型。所显示的物体可以是真实的物体，也可以是虚拟和想象中的物体。物理世界中一切存在的物体都可以用三维模型构建出来。三维模型通常使用特殊的软件创建，如三维建模工具这种比较专业的工具，但也可以通过其他方法创建出来。三维模型可以使用动手搭建的方法生成，也可以通过某些算法构建出一个三维的模型。尽管三维建模通常按照虚拟的方式存在于计算机或者计算机文件中，但是在纸上描述的类似模型也可以认为是三维模型。三维模型广泛用于任何使用三维图形的地方。

实际上，它们的应用早于个人电脑上三维图形的流行。许多计算机游戏使用预先渲染的三维模型图像作为 sprite，用于实时计算机渲染。三维模型本身是不可见的，可以根据简单的线框在不同细节层次渲染或者用不同方法进行明暗描绘。

但是，许多三维模型使用纹理进行覆盖，将纹理排列放到三维模型上的过程称为纹理映射。纹理就是一个图像，但是它可以让模型更加细致并且看起来更加真实。例如，一个人的三维模型如果带有皮肤与服装的纹理，那么看起来就比简单的单色模型或者是线框模型更加真实。除了纹理之外，其他一些效果也可以用于三维模型以增加真实感。例如，调整曲面法可以实现它们的照亮效果，一些曲面可以使用凸凹纹理映射方法或其他一些立体渲染的技巧。目前，主要的建模方式有以下几种：

（1）多边形建模

多边形建模在建模的类型中还是比较常见的。要想给一个物品构建模型，这个物品首先要被转化为一个可编辑的多边形对象，然后通过编辑和修改这个多边形对象的各种子对象来进行建模。对于可编辑的多边形对象，它包含了 Vertex（节点）、Edge（边界）、Border（边界环）、Polygon（多边形面）、Element（元素）五种子对象模式，与可编辑网格相比，可编辑多边形显示了更大的优越性，即多边形对象的面可以不只是三角形面和四边形面，还可以是具有任何多个节点的多边形面。

多边形（Polygon）建模从早期主要用于游戏，到现在被广泛应用（包括电影），多边形建模已经成为现代计算机动画（CG）行业中与 NURBS 并驾齐驱的建模方式。在电影《最终幻想》中，多边形建模完全有能力把握复杂的角色结构，以及解决后续部门的相关问题。

多边形在技术上更加方便初学者的学习，用户可以用任意的线条在创建复杂表面时添加细节，这对具有复杂结构穿插关系的模型很有用处。此外，它不像我们接下来提到的 NURBS 曲面建模那样有固定的 UV，所以编辑 UV 图必须通过手动进行，以避免贴图时纹理重叠和拉伸。更适合多边形建模的程序还有 3ds Max 等。

（2）NURBS 曲面建模

目前最受欢迎的建模方法是曲面建模，其由参数化曲线和数学函数定义的曲面的主要优点是，模型的精细程度可以自由调整，而不改变外部的形状。简单来说，NURBS 是一种专门针对曲线物体的建模方法；在 NURBS 建模的使用过程中总是需要曲面和曲线的，所以，在 NURBS 曲面上创建有棱有角的形状并不是很容易。正是由于这一特点，我们可以用各种特殊的效果来创造各种复杂的表面形状，并表现出特殊的效果，如皮肤的质感、人脸的样貌或流线型的车辆。

（3）细分曲面建模

细分曲面（Subdivision surface），又翻译为子分曲面，在计算机图形学中用于在任意网格中创建光滑曲面。最基本的概念是细化。通过反复细化初始的多边形网格，可以产生一系列网格趋向于最终的细分曲面。每一个新的子分步骤产生一个新的有更多边形元素并且更光滑的网格。相对于 NURBS 曲面建模技术，它具有适用于任意拓扑结构、数值上稳定、实现简易、局部连续性控制和局部细化等优点。

（4）面片建模

面片建模是一种 3ds Max 独有的建模方式，它利用可调节曲率的面片来拼接模型的表面，这种表面有非常强的可操控性，并且可调节精度。在进行面片建模时，通常先用若干条曲线搭建出模型的线框，再对线框进行蒙覆面片的操作，这种制作方式尤其适用于生物有机体的建模。

（5）纹理置换建模

这是使用纹理贴图的黑白值去反映表面的几何体形态，常用于制造一些立体花纹和山脉地形等模型。在一般的三维软件中都有这种建模方法。

（6）变形球建模

变形球建模作为一种非同一般的建模技术，它使用一系列堆叠的黏性球体进行建模。它的优势主要在于构建生物模型时，比较方便和容易学习。其缺点是，所产生的模型有太多的多边形表面，而且没有得到充分的优化。

此外，在实践中还会使用雕塑建模等建模方法。雕塑建模是在各种表面和模型上进行雕刻，使用的工具是雕刻刀，可以用来雕刻 NURBS 格式的曲面和多边形模型，这使得建模过程更加直观，对艺术家来说是非常喜闻乐见的一种方式。上文中提到的 Autodesk 公司下的 Maya 软件，还创造了立体的绘图技术，这是一项非常实用的创新，这项技术可以用于三维动画中羽毛和胡须的绘画，但是这项技术的应用范围有一定的局限性，只可以用于 NURBS 模型中。

2. 材质与灯光

在对真实感有着极高要求的动画场景中，为模型赋予接近真实的材质是极为重要的一个环节。在现实世界里的物体由各自不同的材料表现出不同的质地，人们是通过物体表面的光学属性（颜色、反光性、透明度等）和纹理来区分不同材料的质地，动画也正是通过模拟光学属性和纹理来为模型赋予真实世界里种类众多的材质。材质的制作通常可以分为两个方面，分别为光学属性和纹理贴图。

3. 动画

主要的动画制作技术有关键帧动画、路径动画和动力学动画。

关键帧动画是最简单和最基本的动画制作，事实上，几乎任何动画技术都可以用软件转化成关键帧动画的形式，关键帧动画是一种非常通用的手段。关键帧动画的目的是为动画的功能准备一组与时间有关的数值。这些数值是从动画序列中最关键的帧中抽取出来的，而其他时间帧的数值可以用特殊的插值方法从这些关键帧的数值中计算出来，以达到更加平滑的动画效果。

路径动画方式是把物体的运动约束在一个特定的路线上，使其按预先设计的路径运动。操作者可以任意地编辑和调节运动路线的形态，从而制作出一个物体在三维空间飞行的动画。

动力学动画是一种较为特殊的动画方式，是用来模拟真实物理条件下物体的运动状态，如碰撞、破碎、下落和漂浮等。一般先为动画对象设定真实的物理属性，然后把对象放置到系统设定的力场中做完全符合物理运动规律的运动。

4. 特效

特效本质上也是动画的一种，只不过它的制作手段比较特殊，从建模到动画都有一套相对独立的方法。特效是动画中的一个难点，大致可分为动力学特效和环境特效两类。

动力学特效的制作主要通过动力学系统和粒子系统来制作，诸如海啸、风暴、爆炸、喷射等自然事件。环境特效则主要是制作火、云烟、环境大气、光晕等特殊效果。

5. 渲染

渲染有时被称为着色，但是可以用英文名称来区分，Shade 是着色，Render 是渲染。在渲染过程中，摄像机在三维场景中的位置应与真实场景中的位置相同。在通常情况下，三维软件已经提供了四个默认的摄像头，这就是软件的四个主要视图，分为顶视图、前景视图、侧视图和透视图。我们经常会选择渲染透视图而不是其他视图，这是因为在获取透视图的过程中摄像机会使用真实摄像机的拍摄角度，所以我们看到的结果会有真实世界的感觉。然后，渲染程序开始做排序的工作，也就是确定哪些物体显示在空间的前方，哪些物体在空间的靠后位置，哪些物体是隐藏起来的。空间感并不总是由物体和它们的隐蔽性之间的关系传达出来，很多开始学习三维软件的人只关注三维图像的塑造，却没有考虑到空间感，其实空间感的实现效果与光源、环境雾度和景深效果密切相关。

摄像机可以帮助渲染程序获得渲染范围的大小，计算出光源是怎样影响物体的，这与现实世界中的情况相同。在许多三维程序中，光源是默认存在的，否则我们就无法在透视中看到阴影效果，更看不到渲染出来的效果。因此，渲染程序计算的是我们添加到场景中的每个光源的效果，以及对物体的影响。与真实光源不同的是，渲染程序往往需要计算大量的额外光源，在一定情况下可以作为主要光源的辅助光。在一个场景中，一些光源照亮了所有的物体，而另一些光源只能聚集到某一个物体上，所以原本简单的渲染工作又会困难起来。那么是使用深度贴图的阴影还是光线追踪的阴影？一般会根据场景中具有透明材料的物体是否被用来计算光源投下的阴影来决定。此外，渲染程序必须在使用了面积光源之后计算出一种特定类型的阴影——软阴影，这种阴影只能使用光线追踪。此外，如果在场景中使用了光照特效，特别是体积光照效果，也被称为灯光雾，会消耗更多的系统资源。谨慎使用它们是很重要的。

然后，渲染程序还要计算物体的表面颜色，在计算的过程中要根据物体的材质进行分析，结果可能会因为材料的类型、属性和纹理的不同而有所不同。此外，这个结果一定要与上述的光源结合起来，产生统一的结果。渲染程序在计算的过程中也要把场景中存在火焰、烟雾等粒子系统考虑在内。

（二）数字媒体动画中期制作技术

1. 二维动画中期制作技术

伴随着数字技术的发展，专业的二维数字动画化制作软件越来越多，功能越来越强大，但大都是基于纸上动画的原理开发出来的。以 Flash 为例，在其模块中可以运用造型工具和填充工具实现场景和线稿的绘制，其存储格式属于矢量图形，主要功能还是实现各种动画效果，在时间轴中通过关键帧技术实现角色运动、镜头移动等动画效果，并通过绘图纸外观功能在关键帧之间添加中间的动画效果，利用图层编辑工具改变图层的顺序，从而实现动画分层处理，同时也可以通过引导层动画来实现曲线运动的效果。

随着二维动画软件的不断提升，也出现了骨骼绑定的相关技术。目前，Flash中也引入了骨骼绑定系统，它们通过骨骼绑定相关的控制点，调节权重来实现骨骼带动角色的动画模式。但目前骨骼系统在二维动画软件中还不够完善，角色各控制点只能在同方向上运动，角色不能灵活地转面、运动等，所以该技术还有待完善。

2. 三维动画中期制作技术

制作技术在数字三维动画上主要体现在三维骨架耦合上，模型在模型骨架的带动下表演。Maya 是三维动画制作中首先应该考虑的软件。Maya 是 Autodesk 公司出品的备受好评的三维动画软件，用于专业的电影和电视广告、角色动画、电影剧照等制作。Maya 的功能很完善，使用起来灵活方便，易上手，制作效率排在同行业的前列，渲染功能可以给人以真实的感觉，是一款电影级别的高端制作软件。现在最受欢迎的三维动画软件就是 Maya，国内外视觉设计领域大多使用 Maya 开展设计的工作，因其具有功能强大、系统完善的特点，要将先进的建模、数字织物模拟、毛发消色、动作匹配等技术综合运用起来。备受观众欢迎的电影《指环王》《蜘蛛侠》《疯狂原始人》《冰雪奇缘》《驯龙记》《大圣归来》都是运用 Maya 制作出来的。

Maya 主要完成三维动画的中期制作。运用 Maya 建模模块对设计的角色进行三维建模的方式可分为多边形建模、曲线建模、细分面建模。国内在建模环节常用到的是多边形建模，多边形可以是三角形、四边形、五边形或者更多。多变形建模需要注意的是在有运动部位的布线，如眼部、嘴、手肘等运动部位的布线一定是使用四边形建模。另外，在达到效果的前提下，建模要尽量精简模型面数，因为后续渲染会影响工作效率。为角色制作材质贴图，运用动画模块对角色进行骨骼设定、骨骼绑定，然后再利用时间轴为角色调动画，运用特效模块制作自然现象或者爆炸等特效，这都充分体现了 Maya 强大的功能性。

大部分的动画都需要灯光的效果，可以使用灯光功能进行制作，然后渲染出动画的效果。所有这些技术操作的过程都可以使用 Maya 软件来完成，所以学习数字三维动画的用户必须要精通 Maya 技术。

在二维或三维空间的像素水平上对图像进行操作甚至创造的过程就是我们平时所说的合成技术。合成软件一般有两种工作方式，一种是基于图层（Layer）的技术，这涉及对时间线上任何数量图层的重叠和组合；另一种是基于节点（Node）的方法，每个操作都被视为一个节点，节点可以以任何情况的非线性方式连接或断开，以产生不同的效果。这两种方法都有各自的优势，可以说分层方法包括一个明确的时间概念，而基于节点的方法更符合逻辑。

从图像处理的角度而言，合成技术又可以分为三个方面，一是对图像的处理，即对一段连续素材进行处理，包括对图像色彩、亮度、对比度的调节，以及图像的变形和图像内局部像素的涂改等；二是对图层的处理，一段连续独立的素材称为图层，对图层的处理包括图层在空间的任意运动，图层间的连接、融合、叠加等；三是生成新的图像，包括制作一些粒子效果等。

（三）数字媒体动画后期合成技术

数字动画短片的后期制作大多是通过非线性编辑和后期合成软件完成的，在这些制作方面，技术占有比较重要的地位，甚至很多东西的完成需要技术手段来表现，技术可以变成电影和动画的感染力。

在国外动画的后期制作中，为了追求高质量的视觉效果，让画面表现出极强大的震撼力，使用的后期制作软件也更加高端，如合成软件有 Flame、Flint 等，剪辑软件 smoke 等。在国内，动画短片的后期制作中最常使用的软件是 Adobe Premiere 和 After Effect（简称 AE），其实用于后期剪辑和合成的软件有很多，但是这两个软件是最常用的，从电视台媒体到爱好者个人，都在使用这些软件。它们有一个共同点就是功能强大，但是使用起来简单易掌握。下面，我们就简单地介绍一下后期编辑合成的情况。

AE 不是一个非线性的编辑软件，AE 主要在电影和电视的后期制作等领域中应用。AE 以高效率和高准确度的特点帮助用户创建了一系列吸引人的动态图形和令人惊叹的视觉效果。AE 通过运用与其他 Adobe 软件没有差别的操作技术，可以在 2D 和 3D 合成方面创造高度灵活的动作方式，以及数以百计的预设效果和动画，使用多样化和多层次的效果制作电影、视频、DVD 和 Macromedia Flash。

路径功能操作的灵活性在使用过程中可以给用户带来十分顺畅的感受。在增强图像效果和动画控制的功能使用方面，最多可有 85 个软插件可供用户使用。与其他 Adobe 软件的整合体现在 After Effects 在导入 Photo shop 和 Illustrator 文件时可以保留图层信息。AE 可以灵活地调整使用的转场效果，使用户能够在更加简洁的操作下创建表现自然的视频效果。

Adobe Premiere 是一个通用的视频编辑程序，具有较好的编辑质量、良好的兼容性以及与 Adobe 发布的其他软件相结合的功能。目前，它被广泛应用于广告和电视制作等领域中。该软件是视频编辑爱好者和专业人士在视频剪辑过程中必须要学习和使用的，它能够帮助用户更好地实现自己的想法和艺术创作思路，是一个具有容易掌握、高效率和高精度特点的专业视频剪辑软件。Premiere 提供了一个完整的录制、编辑、色彩增强、声音增强、字幕添加、输出和刻录到 DVD 的过程，并与其他 Adobe 软件相互配合，使用户能够执行编辑制作工作所需的所有编辑、制作和工作流程任务，从而实现高质量文件的输出。

第五节　游戏设计与开发的技术

一、游戏设计与开发的基础知识

（一）游戏设计的原理

1. 游戏的运行流程分析

在学习设计一款游戏前，应该先对现有游戏的运行流程进行分析。游戏其实是一个按照某种逻辑不断更新各种数据（画面、声音等）的过程，其运行流程如图 2–5–1 所示。

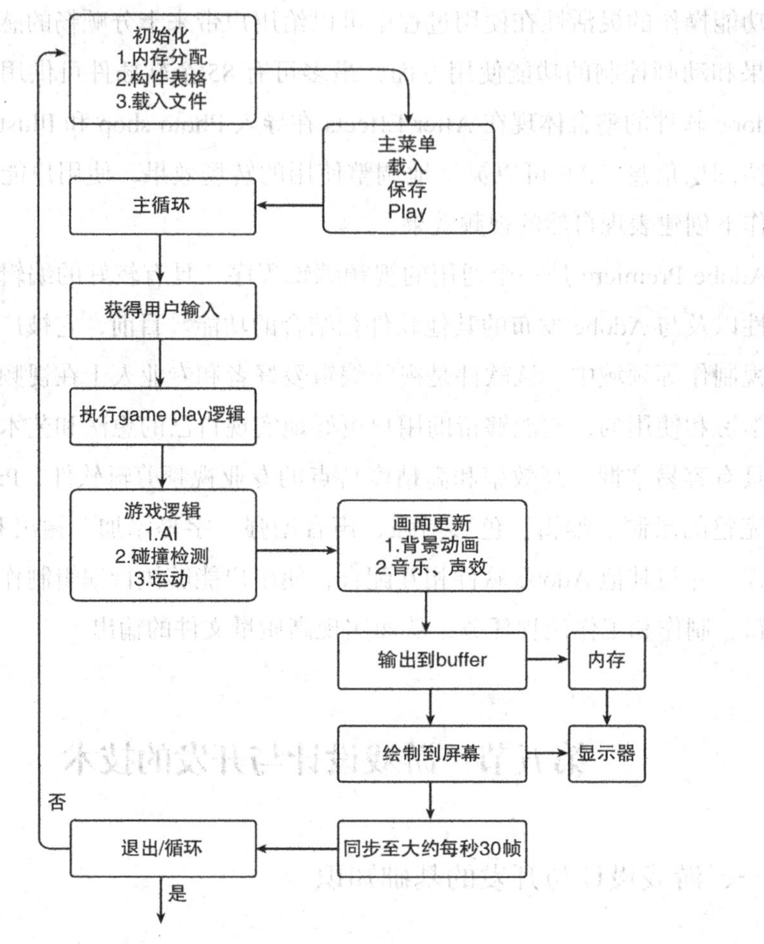

图 2-5-1　游戏运行流程

2. 游戏玩家的心理需求分析

在设计游戏之前，需要了解人们玩游戏的初衷。一款好的游戏不仅能通过画面给玩家带来视觉享受，更重要的是能满足玩家获得成功、满足、自豪、愉悦等正面情感的需求。

对于玩家来说，在游戏中一呼百应并不是最高的追求，尽管对于常人来说，自我实现就是一生中最高的追求，但是对于很多游戏者来说，要想获得成功并不需要吹毛求疵，达到如此高规格的精神境界。

（1）玩家选择游戏的初衷

对于玩家而言，选择一款游戏不只是因为自身的兴趣还可能是因为商家的宣传和诱导。并且，游戏玩家对于游戏的需要较为多样化，比如游戏的玩法、创意、画面甚至游戏本身所蕴含的文化等。

首先，玩家根据游戏商店的本周重点推荐或广告推送下载某款热门游戏。其中，游戏厂商的宣传和诱导起到了关键作用。如果没有特定需要的下载目标，玩家就会根据自身的财力情况，点选免费或者付费游戏榜单，然后根据自身喜好，重点查看网游、休闲或者跑酷等分类。这是玩家根据游戏玩法的偏好而决定的第二轮筛选。

其次，玩家需要从浩如烟海的同类游戏中挑选出几款作品进行对比。玩家飞速浏览游戏图标，试图通过图标的精美程度判断游戏画面的制作是否精良。选定几款游戏后，再根据游戏截图判断游戏的画风、色调、界面设置以及画面感染力是否符合心理预期。这是玩家根据游戏画面而进行的第三轮筛选。

若是几款游戏的画面精度与对玩家的吸引程度不分伯仲，大多数玩家都会通过查看游戏的下载量与其他玩家的评价进行选择，这就是玩家通过了解一个游戏的热度、刺激性与可玩性所进行的第四轮筛选。

对于大多数玩家来说，如果两款游戏在各方面都不分伯仲，那么他们就会有意无意地选择符合自己口味的具有文化背景的游戏。很多时候，一款游戏的文化背景直接决定了玩家的感兴趣程度与被吸引程度。

（2）游戏的上手难度控制

玩家选择下载某一款游戏，并不意味着游戏厂商就多了一个年终业绩。因为游戏初期五分钟到两小时内的游戏体验，正是决定玩家去留的关键。首先，一款游戏如果安装过程极为烦琐甚至常常失败，那么玩家很可能会立刻放弃该游戏；其次，安装成功后，玩家开始试玩，如果3D游戏的视角设置和环境颜色与人眼正常习惯不相同，那么玩家可能会由于“晕3D”而立刻放弃。然而在进入场景后，玩家开始寻找NPC完成任务，贴心的新手指引、简明有效的地图指引、方便人性化的游戏操作模式、逐层递进的任务难度都能为游戏加分。例如，《PACMAN》《超级玛丽》，操作简单容易上手;《恶魔城X：月下夜想曲》《银河战士GBA》，游戏难度逐层增加，引人入胜。

对于每一款游戏的开发者来说，应当在游戏中为游戏玩家提供最真实且刺激的视角、最简明扼要的任务指引以及最舒适的游戏操作方式。在做好基础之后，游戏制作者就需要着力提升游戏自身的可玩性，成功激发玩家的兴趣。

（3）游戏的可玩性设置

①游戏可玩性的基本要素

第一，故事性。大多数时候，一个优秀的游戏会为玩家构建一个宏伟的世界观，游戏自身的故事性会蕴含在游戏的世界观架构、故事情节以及叙事方法等方面。

第二，策略性。很多人喜欢玩休闲类小游戏，是否意味着游戏的策略性不重要呢？当然不是。游戏的策略性体现在吸引玩家思考和计划上，策略性普遍存在于游戏中，并不局限于策略游戏。例如，玩格斗游戏《拳皇》时，需要考虑出招的时间和频率，还要观摩高手视频、分析打法。好的游戏能引导玩家下意识地思考，在思考中体会游戏的乐趣，从而吸引玩家延长玩游戏的时间。

第三，感官体验。如果一款游戏本身的画面粗制滥造，就算是有着再精妙绝伦的故事情节等，都不会是一款成功的游戏，很难吸引玩家的兴趣。作为游戏带给玩家的第一印象，游戏的感官体验是一款游戏获得优秀销量与良好口碑的基础。

第四，互动性。一般而言，互动性体现在游戏玩家与玩家之间，也会体现在游戏玩家与其所处的游戏世界的互动当中。很多时候，游戏世界作为玩家的精神寄托而存在，玩家会与游戏世界中的NPC进行交流，或是倾听他们的故事，或是通过自己的不同选择改变游戏世界的发展走向。当然，就算是那些没有故事情节的小游戏，玩家所进行的每一步操作都会在一定程度上影响到游戏世界，所以，互动性普遍存在于游戏中。

②游戏可玩性的高级要素

第一，真实性。游戏的真实性在竞速、体育、射击和模拟类游戏中体现得较为突出。真实的游戏不仅游戏场景逼真，其世界观也与现实世界一致，某些游戏甚至借用现实中经典案例或事件，吸引玩家以第一人称的视角回溯事件的发展，探索背后的真相。

第二，可操作性。我们在观看电竞比赛的实况转播时，经常会评价玩家的操作优劣。操作性代表了玩家操作的精细程度，是玩家判断力、反应速度、手眼配合的综合体现，是对抗类游戏吸引玩家的重要手段。

第三，养成性。对于玩家来说，不管是养成类游戏还是角色扮演类游戏，又或者是策略类游戏，都存在着控制操作人物并让其不断成长的情况。游戏玩家能够按照自己的想法与计划安排，有目的性地安排游戏人物的升级，从而将其主观认为是自己人生的延伸，能够开启自己的第二人生。这就充分体现了游戏自身的养成性，这些内容是这一类游戏的魅力之处。

第四，可收集性。现阶段有很多点卡收费的网游为了吸引玩家不断对副本或游戏的玩法进行探索，不断提升游戏道具的可收集性，游戏运营商通过设置游戏内的成就系统、继承系统以及奖励模式等，不断激发游戏玩家的探索欲望。

第五，可探索性。有深度的游戏就如同隽永含蓄的小说，每一次重读都会带来新的惊喜。游戏设计者根据玩家的心理特点，在游戏细节中埋藏伏笔，设置大量彩蛋，吸引玩家反复探索游戏世界。例如，PSP 版《恶魔城 X：月下夜想曲》中的隐藏曲目《夜曲》，吸引玩家一次次走入地下墓地，召唤半妖精唱起传说中的歌谣。

第六，创造性。游戏的创造性体现在玩家对游戏关卡、游戏剧情和人物形象的创造力中。这一思想的引入，提升了玩家对游戏世界的控制力，给予玩家更大的自由度。从《坦克大战》中的地图编辑器，到《剑灵》的捏脸系统，玩家对于游戏世界的影响力不断增强，打造属于自己的独一无二的游戏世界也许不只是游戏厂商的宣传口号。

第七，竞争性。为了不断刺激游戏玩家在游戏中投入金钱与时间，网络游戏十分强调玩家之间的竞争。对于大多数人来说，竞争性与对抗性就是其本能，为了提高玩家的留存率、提升其充值意愿，网络游戏会通过 PVE 或 PVP 系统使得玩家之间或者玩家与怪物进行竞争，在一定程度上激发玩家的好胜心。

（二）游戏开发的流程

1. 游戏立项

对于游戏开发的流程来说，游戏立项主要包括两个方面：一方面是进行市场调查。因为现阶段电子游戏市场的红火，游戏厂商在开发新游戏之前通常会进行市场调研，深入研究与分析之后的市场走向；另一方面，立项说明。在经过详细的市场调查与相应的数据分析之后，确定开发游戏的类型，之后进行立项，说明选择这种游戏模式的原因以及发行之后的预期反响。

2. 撰写策划书

好的策划书可以让所有参与研发者以及相关部门了解游戏策划的意图，不仅包括游戏的文案设计、故事背景，甚至还包括游戏的画面风格、UI 设计风格等，都可以撰写在策划书中，以便美工了解设计者的意图。

（1）成本估算

成本估算被包含在游戏策划书中，具体来说，主要内容有以下几项，分别是服务器、客服、宽带、网管、开发团队、管理、宣传推广等费用的成本估算。

（2）需求分析

①美工需求

第一是场景，主要包括的内容为游戏地图与小场景设计的需求。

第二是人物，主要是指玩家角色、游戏内的各种 NPC 与怪物等。

第三是动画，这一点主要受游戏制作公司的实力与游戏的需求的影响。如果所制作的游戏有动画需求时，但游戏制作公司自身实力不济，这时可以考虑采用外包的形式进行制作。

第四是道具，美工主要负责游戏内的道具建模，同时，相关工作人员也可以考虑是否使用纸娃娃系统等进行制作。

第五是全身像，不同的游戏制作会有不同的要求，所以，可以根据游戏自身的类型的需求选择是否使用半身像。

第六是静画与 CG，在很多游戏中会要求使用静画与 CG 表现剧情，一般而言，静画经常被用在文字冒险的游戏当中。

第七是人物头像。在游戏制作过程中，人物头像的制作一般指的是需要设置各种形式的人的表情。

第八是界面，对于界面的需求有多个方面，如主界面、各项子界面、UI 界面、载入界面等。

第九是动态物件，具体指的是游戏中是否需要出现火把或者光影的变化等。

第十是卷轴，人们经常会将其称为滚动条。这方面需要制作人员根据游戏的具体情况选择制定相应的需求。

第十一是招式图，这方面的需求也需要根据游戏的设置来决定。

第十二是编辑器图索，这部分需求的主要内容为关卡编辑器和地图编辑器等。

第十三是在粒子特效方面对 3D 粒子特效的需求。

第十四是游戏包装方面的问题，主要就是对游戏的客户端的封面包装的制作提出需求。

第十五是游戏说明书的插图，是指游戏的说明书中内附插图方面的需求。

第十六是盘片图鉴，指的是游戏客户端在盘片制作方面的制作的需求。

第十七是官方网站，主要是对于该游戏的官方网站的制作的需求。

②程序需求

第一点是地图编辑器，需要明确编辑器自身的功能与数据等方面的需求。

第二点是粒子编辑器，主要是对粒子编辑器的形式与内容的需求。

第三点为内置小游戏，需要明确是否有在游戏中添加内置小游戏的需求。

第四点是功能函数，与之相关的需求为游戏中可能会出现的程序功能、技术参数以及 AI 等。

第五点是系统需求，主要是指升级系统、道具系统等类型的系统导入器的需求。

③策划需求

第一点为策划的分工需求，主要涉及剧本、数值、界面等方面的需求。

第二点为进度控制方面的需求，主要指的是项目进度表的撰写，协调与平衡制作组内不同成员的开发进度。

第三点为例会的召开。通过在不同的项目节点召开例会的形式，组织制作组内的成员汇报自己的工作进度，并提出自己遇到的难点问题，集思广益，共同解决。

第四点为 DEMO 的展示，一般而言，DEMO 展示的主要内容就是游戏制作中前期项目策划与规划的内容。

3. 项目研发

在完成前期的策划书撰写、明确美工、程序和策划需求后，首先应明确游戏的原型设计，在此基础上生成技术设计文档、背景艺术文档及商业计划文档。其中，商业推广以及音效制作交由专业职能部门完成；策划主要负责保持各方面沟通顺畅以及处理突发事件。下面着重分析技术设计及美工设计的执行情况。

（1）游戏原型设计

制作者需要以最快的速度制作出一个可以执行的游戏程序原型，其中应包括基础程序与基础图形。设计者对比电脑实际原型和大脑设想原型，理解两者间的差距，经过调整磨合后生成新的设计书，至此游戏开发进入正式阶段。

（2）程序开发

成员包括技术监督员、主程序员和程序员。程序开发工作主要由以下几方面组成：

第一，图形引擎，主要内容包括对游戏场景的管理与渲染，还包括游戏内角色动作的管理与绘制、特效管理与渲染、各类的游戏制作工具的开发等。

第二，声音引擎，主要是为了实现音效、语音与游戏内的背景音乐的播放。

第三，物理引擎，主要的开发内容包括对游戏内物体与物体之间或者物体与场景之间产生碰撞之后的力学模拟，还包括在它们发生碰撞之后的物体骨骼运动的物理学模拟等。

第四，游戏引擎，主要是整合图形、声音和物理引擎，针对某个游戏制作一个游戏系统。其中包含游戏关卡编辑器、角色编辑器等，主要用途是确保场景的调整效果可视化、角色属性及动作修改结果可视化。

第五，人工智能或游戏逻辑，是指根据需求采用脚本语言开发或通过编辑器完成。

第六，游戏 GUI 界面（菜单），指的是用户界面的设计。

第七，游戏开发工具，主要包括游戏内的关卡编辑器、角色编辑器以及各种类型的插件工具的开发工作。

第八，支持局域网对战的网络引擎，主要是为了解决发包和通信同步的问题。

第九，支持互联网对战的网络引擎，主要开发内容包括服务器端软件配置管理与服务器程序优化等。

（3）美工

美工根据工作职能分为原画概念设计师、UI 概念设计师、3D 场景美术师、3D 角色美术师、游戏特效师、游戏动画师以及游戏美术总监。

①原画设计：负责设计游戏场景建筑、人物形象、插画海报、游戏界面等。

②场景制作：2.5D 场景的制作工作包括按照场景原画使用 3D 软件制作中、高模场景模型、调整贴图材质、斜向 45° 灯光渲染以及后期修图。3D 场景的制作工作包括根据场景原画并按照程序开发要求的多边形面数、贴图数量以及尺寸

来制作场景低模和绘制贴图。

③角色制作：2.5D 角色的制作工作包括按照角色原画使用 3D 软件进行建模（中、高模）以及贴图；3D 角色的制作工作包括使用 3D 软件按照原画制作角色的低多边形模型以及绘制贴图。

④美工的另一项任务就是角色动画的制作，主要是帮助角色进行相应骨骼蒙皮的设置工作，并且，还需要为游戏内的角色制作不同的动作以及不同形式的攻击等内容的动画。

⑤美工还需要制作游戏的特效，通过使用相应的绘制软件对游戏中需要的各种特效画面进行绘制。

4. 测试

在游戏开发过程中一直需要进行各种测试，主要包括 Demo 版本、Alpha 版本、Beta 版本、Release 版本、Gold Release 版本等。

（1）Demo 版本阶段包括前期策划、关卡设计、前期美工、后期美工以及程序实现 Demo 展示。

（2）Alpha 版本阶段的主要工作就是对现阶段的游戏进行内部测试，对游戏所要实现的各项功能进行检测并完善，发现严重危害游戏运行的 bug 并修复。

（3）Beta 版本阶段的主要工作就是进行外部测试，对现阶段的游戏的各项功能效果进行进一步的测试与完善，并且，在这段时间需要着手准备游戏的发行工作。

（4）Release 版本阶段的主要工作重心为游戏的发行，现阶段已经处于游戏的制作完成阶段，可以正视开始发行游戏。

（5）Gold Release 版本阶段的主要工作就是不断接受反馈的游戏 bug，添加补丁包，不断对游戏版本进行升级，并且还需要添加各种官方插件。

5. 控制

在游戏开发过程中，策划及各部门主管主要负责把握游戏整体的进度、成本等，保持各部门沟通顺畅以及处理突发事件。

（1）成本控制：主要控制服务器、客服、场租、人工、设备、宽带、网管、宣传和推广的费用。

（2）市场变化：处理应对发行档期、盗版、竞争对手的情况。

（3）品质：根据制作人员的整体水平，折中决定作品的质量。

（4）突发事件：应对游戏研发过程中的人员、资金突然变动等情况。

二、游戏音效技术

游戏音效是游戏中不可分割的重要组成部分，在早期的游戏中，因为硬件性能不高，游戏音效非常简单、原始，只能通过 MIDI 合成器发出简单的音节和音色。随着硬件的快速发展，极大的丰富了游戏音效的制作方法，下面简单讲解游戏音效的制作方法：

（一）音源库素材 / 拟音 / 采样

在进行游戏音效的制作之前，应当收集足够数量的、合适的音源素材。在游戏制作中所使用的大多数音源素材都是来自一些大型的音源生产公司所发行的音源库，还有一部分是游戏公司的原创。现阶段能够购买到的音源素材库十分多样，能够基本满足游戏的音效制作，但若是音源素材库难以满足制作要求，就需要音乐公司自行进行原创素材的采集。

（二）音频编辑

在确定了原始的音源素材之后，就需要对其进行初步的音频编辑，通过对采集到的音源素材进行降噪、均衡等处理，这能使原始的声音更加干净、清澈，更加适合音效制作。

（三）声音合成

游戏中的很多互动或动作都是较为复杂的，如魔法师发动一个火球术，可能经历法术准备、法术吟唱、法术释放以及被中断等多个过程。这些复杂的过程是无法由单一元素构成的，需要对多个元素进行合成，如在法术准备时可能会使用到一些风声元素，来体现法术能源的汇聚；在法术释放时，则可能使用火焰燃烧、飞行器破空、布料抖动等多个素材进行合成。需要注意的是，在对素材进行合成时不只是将两个音轨简单地放在一起，还需要进行细致的分析，保证素材的位置、均衡、频率等多方面的协调统一，以使各音源素材之间融合得更加天衣无缝。还有很重要的一点就是，必须重视各音源素材放置的时机、时长、响度等，以符合游戏中对应触发事件的需要。

（四）后期处理

对于游戏制作来说，后期处理就是对其中所有的音效进行统一的处理，最终使得所有的音效能够相互统一且和谐。这主要是因为在进行音乐制作的过程当中所使用的音效数量十分庞大，且制作周期也比较长，这就会使得不同时间段内所制作的音效会在听觉上有所不同，所以需要通过后期处理，使其达到和谐统一的效果。另外，还应当根据所制作游戏的需求，对所使用的音效进行全局处理，比如黑暗的游戏风格，就应当将音效统一削减一些高频，最终使得音效与游戏风格相符。

三、游戏引擎技术

作为游戏的核心部分，游戏引擎会直接影响到玩家们对剧情、关卡、美工以及音乐等内容的体验。简而言之，游戏引擎能够控制游戏中所有的功能，不管是游戏中的碰撞计算，还是物理系统与物体的相对位置，又或者是玩家所输入的操作指令等。

（一）游戏引擎的功能

游戏引擎本质上就是一个能够用于游戏开发的通用内核，它将游戏制作过程当中最为常用且核心的功能集成一个更加适合使用的游戏开发平台与集成环境。之后再进行游戏开发，这样就能够直接通过使用应用程序的接口与通信接口调用游戏引擎所提供的强大应用功能，更能方便游戏制作者创造新游戏，既能缩短游戏制作的周期，还能确保游戏成品的质量。

在进行游戏开发的过程中，游戏引擎是作为游戏的底层框架平台出现的，相关的制作人员只需要在这一平台上进行游戏内容的填充就可以。现阶段的游戏引擎已经发展成为由多个子系统共同构成的复杂系统，其中不仅能够进行建模、动画与特效等操作，还能够实现物理系统、碰撞检测、网络流量控制等功能，甚至还具有专业的编辑工具与插件，这些功能应用几乎涵盖了游戏制作过程中涉及的所有重要的环节。游戏引擎的常见功能主要有以下几个方面：

1. 光照效果

光照效果指的是游戏场景中的光源，对于其中的人或物的影响方式。在游戏当中，所有的光照效果几乎全部是由引擎进行控制的，要实现诸如折射与反射等光学效果，需要通过引擎的不同编程技术才能够实现。

2. 动画生成

在游戏当中，通常会使用两种动画系统。一种是骨骼动画系统，就是指通过内置的骨骼带动游戏中的物体进行运动；另一种是模型动画系统，就是指游戏制作者可以在模型的基础上，对某一物体直接进行变形。最后通过引擎将这两种动画系统直接植入游戏当中，为相应的角色设计合适的动作造型。

3. 物理模拟

物理模拟能够使游戏当中所有的物体按照固定的规律进行运动，能够在一定程度上真实地反映出物体运动的自然规律与现象。作为物理系统最为重要的一部分，碰撞检测能够有效探测到游戏当中每一个物体的物理边缘。基于此种技术，当游戏中两个三维物体互相进行碰撞的时候，可以使其不会出现相互穿过的情况，这就在一定程度上保证了游戏中角色不会穿墙或者直接把墙撞倒，因为基于碰撞检测，角色与墙之间能够直接确定两者的位置以及相互之间的作用关系。

4. 渲染（绘制）

渲染是游戏引擎当中最为重要的一个功能，在三维模型制作完成之后，会按照不同的面孔材质对其进行贴图处理，随之使用渲染技术将模型、动画、光照与特效等效果进行实时计算，最终在屏幕上展示出来，渲染引擎会直接影响到最后游戏画面的质量。

（二）游戏引擎的架构

游戏引擎本身是作为一个十分复杂的实时系统存在的，其中包含多项技术，分别是角色动画技术、三维图形渲染、物理模拟系统、人工智能等。

在游戏引擎当中，系统作为引擎的一部分，主要负责通信，如果对游戏引擎进行不同平台之间的移植，需要注意，一个优秀的游戏引擎只需要对其自身的系统部分进行主要的修改，就比如扩写代码。在系统当中，会分为几个子系统，其中的主要内容为图形、输入、声音、时间、配置。值得注意的是，系统本身的功能就是对这些子系统进行初始化、更新与关闭。

1. 图形子系统

图形子系统的作用就是使图像能够直接显示在屏幕上面，要想实现这一效果，是通过 OpenGL、Direct3D、Glide 等软件进行渲染。更为重要的是，图形子系统还能够直接抽象出一个图形层，之后将其放置在相应应用程序的接口上面，主要是为了能够支持绝大多数的图形 API，从而获得更为良好的兼容性，呈现出更好的表现效果。

2. 物理子系统

物理子系统能够为游戏提供基本的物理系统，主要就是为游戏中物体的运动模式提供相应的规则，在涉及与游戏相关的技术中，应当重点考虑怎样更好地构建物体的实体模型，并在之后将其完美且真实地反映在屏幕上面。需要注意的是，如果这些技术的应用涉及对真实世界的仿真，就需要重点考虑对现实世界的自然法则进行仿真，相应的，最为重要的仿真就是对物体之间的碰撞进行仿真，其中主要包括碰撞检测与碰撞反应。

3. 声音子系统

在游戏引擎当中，声音子系统主要包括对各种声音与音效进行载入与播放。现阶段的很多游戏都支持 3D 声音，要想通过声音子系统实现这一效果较为困难。

4. 输入子系统

需要注意的是，输入子系统需要将各种输入装置的输入触发进行统一的控制。由此就能够使得用户与玩家能够更加自由地切换输入装置，可以很简单地通过不同的输入装置进行指令输入，从而获得统一的行为。

5. 时间子系统

时间子系统主要是对一些需要实现时间管理功能的程序代码进行编辑，毕竟现阶段的 3D 游戏引擎中的大部分功能都是以时间作为基础进行实现的。因为在游戏过程中，所有事物的移动都是依靠时间进行的，所以说，在最初就设计出一套切实可用的设计优良的作品能够有效杜绝之后多次重复编写相似程度过高的代码。

6. 配置子系统

配置了系统处于所有的子系统的顶端，其主要功能是读取配置文件、命令行参数或者是其他需要使用的设置方式。在系统进行初始化或者是正常运行的时候，引擎内的所有子系统都会有相应的配置，能够实现修改分辨率和画面颜色、进行键位设置等功能，还能够在游戏加载完成之后对引擎进行一定程度上的配置，这项功能便于工作人员对游戏进行调适与测试，也能让玩家将游戏直接设置为自己所喜欢的方式。

7. 控制台

要在不重新激活的情况下直接改变游戏与引擎的位置，就需要通过控制台对行变量与函数施加命令。不只如此，控制台还能够在开发的时候输出相应的调适信息，这要比运行一个调试程序快得多。假如不希望最终被用户看见使用过该控制台，还可以进行屏蔽处理。

8. 支持子系统

引擎当中的其他部分会大量使用支持子系统，这一子系统任务十分基础，非常适合用于与之相关的项目之中。这一子系统的主要内容有引擎中的所有的数学程序代码、内存管理、文件加载以及数据容器。

9. 渲染引擎

渲染引擎中的渲染器有着繁多的种类，可以分为可见性、摄影机、粒子系统、光照、雾化等，并且每一部分都有与之相配的界面，游戏制作者可以通过这个界面对目标进行相应的设置，改变其位置、方向等。让所有的三角形以三角形列表、扇形、条带等方式通过一个相同的点，最终进入到绘制管道中，这是一个十分美丽且方便的设计。由此，所有的事物都能够形成一个统一的格式，之后还需要对这一格式进行相同的光照、雾化与阴影程序代码处理。只需要赋予多边形一定的材质或纹理，就能够获得想要实现的效果，并且这一方法还能够在游戏中的其他多边形上实现。

10. 游戏界面

游戏界面就是在引擎与游戏之间设置一个合适的接口层，从而使程序代码自身保持干净整洁，更加方便用户使用。虽然这只是一个额外的代码，但是它能够使得游戏引擎自身具有更好的重用性，同时，也能够促进设计架构游戏逻辑的脚本语言的开发，还能够将游戏代码置入库中。对于引擎当中的每一个具有动态属性的部分，这一接口层都可以提供相应的界面对其进行修改，其中的主要内容有摄像机、模型属性、光照、声音播放、碰撞检测等。

通过使用游戏引擎，一方面能够极大地缩短游戏的制作时间，另一方面，游戏引擎的开发与研究也得益于对游戏领域的核心技术的集中研究。我们可以通过以下几个方面了解到游戏引擎的技术发展：第一是实时渲染技术，这项技术就包含了实时的光照技术；第二是游戏内的角色与场景的精细程度，要想实现这一要求就需要用到各种贴图技术与游戏内角色模型的LOD技术；第三为游戏内角色所使用的人工智能技术；第四，游戏内角色的实时动画；第五为游戏内所使用的物理特效与粒子特效，还需要实现对现实世界的种种物理特性的模拟；第六为能够实现3D形式的实时真实感音效技术；第七点为能够实现实时的网络通信技术，这一项技术主要用于规模较大的多人在线游戏服务器技术。

第三章　数字媒体内容管理技术

本章主要内容为数字媒体内容管理技术，共分为三节进行叙述：第一节为数字媒体压缩的技术、第二节为数字媒体储存的技术、第三节为数字媒体资产管理的技术。

第一节　数字媒体压缩的技术

数字媒体包含文字、图形、图像、音视频等媒体内容，将它们进行整合与集成之后，就能够形成电视、电影、音乐、动画、广告等内容产业，现阶段以数字媒体为基础的内容产业具有广阔的发展前景。

一、数字媒体压缩技术的必要性

在介绍数字媒体的压缩技术之前，可以先进行一个简单的数据对比。一般情况下，一幅 640×480 的中等分辨率的真彩色位图图像的数据量经过计算为 0.92MB，但是需要注意的是，如果是通过 PAL 制式隔行进行扫描 25 幅 / 秒的帧频播放，1 秒就有 23MB 的数据量，1GB 的容量只能存储约 45 秒的数据。如果假设图像是 1920×1080 的高清分辨率，并采用逐行扫描 50 幅 / 秒的帧频播放，其他条件不变，1 秒就产生约 300MB 的数据量，1GB 的容量只能存储不到 4 秒的数据。

经过对比研究可以发现，数字化会生成十分庞大的数据量，这些将数字媒体技术作为基础的内容产业之中，包含大量的信息内容，现阶段对大容量的数据进行处理是数字媒体技术方面的一项难题。但随着人们对信息的实时性有越来越高的要求，不仅仅需要传输与处理大量的数字信息内容，还需要保证传输的速度。由此，数据的存储、传输与处理面临着巨大的挑战。

随着时代的发展，计算机技术也在通过不断地钻研来提升数据的处理、存储与传输，另外，除了提升硬件条件之外，计算机领域还重点研究了高效方便的数据压缩技术，为更好地进行数据的存储、处理与传输，需要通过新技术在保证原始数据的不变的情况下最大限度地减少其中的信息数据量。

二、数字媒体压缩技术的信息冗余

数据能否被压缩主要在于包含信息量的数据中是否存在数据的信息冗余。数字媒体信息内容的数据在内容、结构以及统计等方面存在着大量的信息冗余，如视频信号，它是由一帧一帧的画面组成，每帧画面又是由像素组成，在每帧画面的像素之间、前后帧画面之间存在着大量的相同之处，即信息冗余，这些数据之间有很强的关联性，所以能够进行压缩处理。

数字媒体信息内容有着非常多的种类，其中数据量最大的是视频信息，其次是音频信息。所以说，我们在对数字媒体的数据进行压缩时，最为关键的就是对视频信号与音频信号进行压缩处理。

（一）视频信号压缩技术的信息冗余

视频信号是由一帧一帧图像组成，在隔行扫描制式中，1 秒有 25 帧图像，1 帧有两场，在相邻帧间、相邻场间、相邻行间、相邻像素间，还有局部与局部之间、局部与整体之间都存在着很强的相关性，利用这些相关性，可以从一部分数据推导出另一部分数据，这样就可以使视频信号的数据量被极大地压缩，有利于处理、存储和传输。一般视频信号的信息冗余主要包括以下几种形式：

1. 空间冗余

一般而言，在规则的图像当中，一些规则的物体与背景都具有较为强烈的关联性，就比如其中的蓝天、草地的亮度、色度与饱和度等是基本相同的。

2. 结构冗余

结构冗余就是指一些视频图像的部分区域表现出十分相似的纹理结构，又或者是图像的各部分之间存在着一定的关联性与相似性。

3. 时间冗余

视频信号的前后两帧图像往往具有相同的背景和人物，只是空间位置关系略有变化，有很强的相关性。

4. 视觉冗余

在对图像进行感知时，人眼的视觉系统所感知到的是非均匀的，也是非线性的，由此就能够及时舍去图像中的不敏感信息，只需要保证人眼对于接收到的压缩图像与解码之后的还原图像与原图像之间存在少量失真与不敏感信息，由此就更能提高压缩比。

5. 知识冗余

在一些图像当中，压缩编码对象信息与另外一些已经被掌握的知识有关，比如人面部各个器官的相对位置是有固定性的，由此就能够通过基本的知识对压缩编码对象建立相应的模型，最终对模型参数进行编码。

6. 信息熵冗余

对于视频图像数据的一个像素点，理论上可以按其信息熵的大小分配位数，但对于实际图像的每个像素点，很难得到其信息熵，采用相同的位数表示某些像素点，这样必然存在冗余。

（二）音频信号压缩技术的信息冗余

在物理学中声音是以一种机械振动波的形式来表示的，与频率有关。在广播电视领域，我们熟知一些与频率有关的波，如中波、短波、调频立体声、调幅广播等，这些是与声音传输有关的电磁波，不是声波。能被人耳所听到的声波频率范围在 20Hz～20kHz 之间。

既然音频信号是一种声波，在物理学上可以变换成时域或者频域的表现形式，其自身也存在着多种时域冗余和频域冗余，这是音频信号进行压缩的理论基础。一般音频信号的信息冗余包括下面两种形式：

1. 时域冗余

语音分为两种基音，分别是浊音与清音。其中，浊音本身有着周期间的冗余度，而且还有组合对应音调间隔的长期重复波形。在语音中的间歇与停顿都会出现数量庞大的低电平值。而且，相邻的两个数据之间也会有着一定程度上的相关性。

2. 频域冗余

在频域范围中，对音频信号进行相应的统计与划分，能够得到长时间功率谱的密度函数，可以发现，最终结果存在非均匀性，这就说明了在这一范围当中存在着固有频率的冗余度。相应的，音频信号自身的频谱有着将基音频率作为周期的高次谐波结构，也在一定程度上证明了它存在有频率的冗余度。

三、数字媒体压缩技术的分类

（一）按数据压缩前后比较是否有损失进行划分

1. 无损压缩

对压缩编码之后的数据进行重构，我们可以发现，相关数据与原来的数据是完全相同的，这就是无损压缩。现阶段较为常用的无损压缩的算法主要有两种，分别是霍夫曼算法与 LZW 算法。经过无损压缩之后的图片有着较为多样的压缩格式，比如 GIF、PNG 等，这种压缩方式有着压缩之后数据量大的特点。

2. 有损压缩

一般而言，有损压缩是指对压缩编码之后的数据进行重构，相应的数据与原来的数据有着较为明显的不同，尽管如此，也不会影响到原始数据的表达，不会出现较为明显的偏差。较为常见的有损压缩的格式较为多样，比如 JPG、MPG、MP3 等，这种压缩方式的主要特点就是经过压缩之后的数据量较小。

（二）按数据压缩编码的原理和方法进行划分

1. 统计编码

统计编码的主要针对对象就是无记忆信源，可以根据信息码字所出现的分布特征进行相应的编码的压缩工作，寻找概率与码字长度之间最为合适的匹配。

2. 预测编码

预测编码就是利用时间与空间上相邻数据之间的相关性进行数据的压缩工作，这样能够在一定程度上有效减少空间冗余与时间冗余。比如，空间冗余在一定程度上反映了一帧图像中各个相邻元素之间的相关性，可以使用帧内预测编码；对于时间冗余来说，其本身反映了图像的帧与帧之间的相关性，就可以使用帧间预测编码。

3. 变换编码

通过变换编码能够将一幅图像分割成为多个小图像块，在这些图像块上面能够进行各种需要的变换，从而将空间域中的时域信号直接转变成为频域信号并进行相应的处理。

4. 分析、合成编码

分析、合成编码主要是指在对相关源数据进行分析之后，对其进行分解，使其成为一系列更容易进行表达的“基元”或者在其中提取出更加具有本质意义的参数，相应的编码工作仅仅是面向这些基本单元或者特征参数进行的。

四、数字媒体图像的编码压缩技术

伴随着时代的发展，多媒体技术与通信技术也在不断地发展，为实现更高要求的信息数据存储与传输，促进图像通信的发展，就需要不断发展图像的压缩技术。具体来说，对图像进行压缩的目的，是为了使较大的原图像转化为具有更少字节的图像，并且保证复原之后的图像也能有较好的质量。

在 1948 年提出电视信号数字化之后，经过不断的发展，才有了我们现阶段所使用的图像压缩编码技术，并且在这段时间内还出现了十分多样的图像压缩编码的方法，特别是在 20 世纪 80 年代后期，由于小波变换理论、分形理论、人工神经网络理论以及视觉仿真理论的建立，使图像压缩技术实现了飞跃性的进步，所以，现阶段分形图像压缩与小波图像压缩是这方面研究的热点。

（一）熵编码

信息熵是信源中所有可能事件的平均信息量。信源中所包含的平均信息量即信息熵是进行无失真压缩编码的理论极限。那么，熵编码是实现无损编码的一种方式。熵编码的方式有很多种，下面简单介绍霍夫曼编码和行程编码两种熵编码方式。

1. 霍夫曼编码

霍夫曼编码作为一种无损编码方法，其基本原理就是信息熵原理，具体来说，这种编码方法就是通过对源数据中各个信号的发生概率进行编码。一般情况下，在源数据中发生概率越大的信号，其自身所分配的码字就越短，反之亦然。

从霍夫曼编码的方式可以看出，霍夫曼编码是一种变长编码，根据变长编码的特点，可以用尽可能少的码来表示源数据。下面具体了解霍夫曼编码的步骤。

（1）对信源符号进行初始化，之后按照相应出现概率的大小进行排列。

（2）将排列之后的两个概率最小的符号进行组合，可以得到一个新的符号，也可以将其称为节点，再将节点与其他的信号源符号进行重新排列，需要注意，经过组合之后的新符号的概率就是这两个符号的概率之和。

（3）在重新排列之后，找到概率最小的两个符号重复（2）的操作步骤，最终确保只有一个符号，并且这些符号的概率和为 1。

（4）在此阶段开始分配码字，需要注意的是，从最后一步进行反向码字的分配，具体来说就是从最后的两个概率向前逐步前进进行编码，一般而言，对于这些每次相加的概率，每两个当中概率较大的那一个配以 0，给概率较小的那一个配以 1，除此之外，还可以使用完全相反的方式进行分配码字，如果这两个概率是相等的，就可以任选一个配以 0，另外一个配以 1。由此，就成功完成了霍夫曼编码的全部过程。

2. 行程编码

行程编码也可以被称为行程长度编码（Run Length Encoding，RLE），这是一种熵编码，一般情况下会在各种图像格式的数据压缩处理工作当中使用这种编码方式。

行程编码是一种十分简单的压缩方法，这种编码方式的工作原理就是通过在给定的图像数据当中寻找连续的重复数值，之后使两个字符取代这些连续值。具体来说，就是将那些具有相同值的连续串用它的串长与一个代表值进行代替，我们将这一连续串称为行程，行程长度就是串长。

对于二进制的图像数据，只有两种符号，即 0 和 1。连续的 0 串称为 0 行程，行程长度用 L（0）表示；连续的 1 串称为 1 行程，行程长度用 L（1）表示。0 行程和 1 行程总是交替出现。如果规定二进制数据总是从 0 开始，第一个行程就是 0 行程，那么第二个行程必然是 1 行程，第三个又是 0 行程，如此周而复始。对于随机序列，行程长度是随机的，其取值可以是从 1 到无穷，这对建立行程长度与码字之间的一一对应关系是困难的。

在一般情况下，行程长度越长，出现的概率越小，当行程长度趋向于无穷时，出现的概率也趋向于 0。按照霍夫曼编码规则，概率越小，码字越长，但小概率的码字对平均码长影响较小，在实际编码过程中常对行程长度采用截断处理的方法，取一个适当的 n 值，行程长度为 1，2，…，2n–1，2n，所有大于 2n 的都按 2n 来处理。

一般而言，我们会将行程编码分为两类，分别是定长编码与变长编码。其中定长编码就是指其自身编码的行程长度所使用的二进制位数是固定的。变长编码则是指对不同范围内的行程长度进行不同位数的二进制位数编码，若是使用变长行程编码时，需要增加相应的标志位，从而表明其所使用的是二进制位数。

（二）预测编码

预测编码就是通过了解离散信号之间所存在的关联性，从而可以根据前面的一个或者多个信号对下一个信号进行预测，最终需要根据预测之后得到的预测值与实际值的差进行编码，需要注意的是，这里所指的二者的差也被称作预测误差。通常情况下，预测误差较小时，得到的预测结果比较准确。总之，为实现压缩数据的目的，可以在相同精度的要求条件下，使用较少的比特进行编码。

预测编码有着脉冲编码调制、差分脉冲编码调制以及自适应差分脉冲编码调制等较为典型的压缩方法。

预测编码主要用来减少数据在时间和空间上的相关性，去除空间冗余和时间冗余。因为图像数据中视频信号和音频信号的相邻值之间存在着很大的相关性，以视频信号为例，其空间冗余反映在一帧图像内相邻像素之间的相关性，其时间冗余反映在图像帧与帧之间的相关性，所以，在视频信号和音频信号的压缩中常用到预测编码。

1. 脉冲编码调制

脉冲编码调制是现阶段最为简单且在理论上最为完善的编码系统，而且这一编码系统使用的范围较为广泛，涉及的数据量也十分庞大。

脉冲编码调制的编码原理简单易懂，通过对输入的模拟视频信号进行取样与量化之后，可以将其编码为二进制的数字信号，从而顺利实现模数转换，我们将得到的信号称为 PCM 信号。若想实现对视频信号的数字化，一般情况下有两种方式，分别是复合编码与分量编码，其中，复合编码就是将视频信号直接编码成为 PCM 信号；另外一种分量编码则是通过将亮度信号与两个色差信号进行分别编码，使其成为 PCM 信号。

2. 差分脉冲编码调制

在 PCM 系统当中，对模拟信号进行取样之后所获得的所有样值都被量化成为数字信号。需要注意的是，为了压缩数据，通常会使用差分脉冲编码调制，在对相关的模拟信号进行取样之后，并不会对其中的样值进行量化，而是通过它们对下一个样值进行预测，之后再将预测值与实际值进行比较得出差值，将此差值进行量化与编码。

以视频信号为例，由于人眼的视觉掩蔽效应对出现在轮廓与边缘处的较大误差不敏感，不容易觉察到，因此，对预测误差量化所需的量化层数要比直接量化视频信号实际取样值小很多，这样通过差分脉冲编码调制去除了相邻像素之间的相关性，并减少了差值的量化层数，从而实现了码率压缩。

差分脉冲编码调制有着较为显著的优点，主要是算法简单以及硬件容易实现，但是也有着较为明显的缺点，主要就是对信道噪声十分敏感，很容易产生误差扩散的问题，也就是说在某一位代码出错之后，会使得这一像素之后的同一行的各个像素都产生一定程度上的误差，甚至于将这些误差扩散到之后的各行当中。在误差扩散之后，图像的质量会有很大程度的下降，而且 DPCM 的压缩率也会表现得比较低。

3. 自适应差分脉冲编码调制

自适应差分脉冲编码调制主要包含两个内容，分别是自适应量化与自适应预测。其一是自适应量化，就是通过自适应的方式对量化阶的大小进行改变，具体来说，就是使用较小的量化阶对较小的差值进行编码，反之亦然；其二是自适应预测，主要是通过对过去的样本值进行估算，从而预测出下一个输入的样本值。这样能够有效减少实际样本值与预测值之间的差值。

想要确定相应的改变量，需要确保自适应量化有着对输入信号的幅值进行估值的能力。一般情况下，如果估值在信号的输入端进行，就被称为前馈自适应；若是在量化输出端进行就被称为反馈自适应。为确保可以进行实时处理，需要保证信号的估值足够简单快捷。

为了能够有效减少计算工作量，所使用的预测参数应该是固定的，但是需要注意的是，会有多组预测参数可以进行选择，至于这些预测参数，都是根据常见的信源特征获得的。在进行编码时，选择哪组参数需要根据自身的自适应来确定。很多时候，为了能够更好地选择出最佳的参数，相关人员会选择将信源数据按照区间进行编码，在进行编码的时候通常会自动选择一组预测参数，使其实际值与预测值的平均误差比较小，随着编码区间的不同，对参数自适应的变化进行预测，从而确保能够获得最佳的预测参数。

预测编码的性能是由预测器的性能决定的。根据预测值所选用的相邻像素的不同，预测器可以分为两类，分别是帧内预测与帧间预测。若是按照预测系数是不是因为输入信号的统计特性变化而进行相应的自适应调整，又可以将预测器分为线性预测与非线性预测。需要注意的是，自适应预测本身就是非线性预测。

（三）变换编码

在图像压缩编码技术中，变换编码也是去除图像的相关性和减少冗余度的基本编码方法。它在降低数码率等方面取得了和预测编码相近的效果。进入 20 世纪 80 年代后，逐渐形成了一套运动补偿和变换编码相结合的混合编码方案，极大地推动了数字视频编码技术的发展。20 世纪 90 年代初，ITU 提出了著名的针对会议电视应用的视频编码建议 H.261，这是第一个得到广泛使用的混合编码方案。之后，随着不断改进的视频编码标准和建议的出现，如 H.264，MPEGI、MPEG2 和 MPEG4 等，混合编码技术逐渐趋于成熟，成为一种应用最广泛的数字视频编码技术。

需要注意的是，变换编码并不是直接对图像信号进行编码，要想实现这一目标，先需要将空间域图像信号进行分割，使其成为许多的小图像块，之后，在这些小图像块上面进行相应的变换，将空间域的图像信号直接映射到另外一个正交矢量空间当中，并最终产生一批变换系数，再对这些变换系数进行相应的编码处理。

变换编码是作为一种间接的编码方法而存在的，通常情况下，图像存在于时域或空间域当中，各数据之间存在着较强的相关性，并且数据冗余度较大，能量分布也比较均匀，在经过变换之后，存在于变换域中的各图像的变换系数之间的参数会保持独立，自身的数据量比较少，数据的相关性与冗余量相较之前有着较大程度的减少，而且这些能量集中在直流与低频变换的系数上，很少有能量存在于高频变换系数上，由此，再经过仔细地量化与编码之后，就能够更好地实现较为有效的图像压缩。

变换编码虽然在实现时比较复杂，但在分组编码中还是比较简单的，所以在语音和图像信号的压缩中都有应用。典型的变换有 DCT（离散余弦变换）、DFT（离散傅里叶变换）、WHT（Walsh Hadamard 变换）、HrT（Haar 变换）等，国际上已经提出的静止图像压缩和活动图像压缩的标准中都使用了离散余弦变换（DCT）编码技术。

五、数字媒体压缩的标准

（一）数字媒体音频的压缩标准

1.MP3 标准

大多数人常常提到的 MP3 实际上是一种便携式音乐播放器的简称，它是由韩国人 Moon 于 1997 年发明的，在当时 MP3 以其外形小巧、操作简便、音质高风靡全世界，它同时也是音乐播放器的声音压缩格式。

说到 MP3 声音压缩格式，首先要提到 MPEG。MPEG（动态图像专家组的简称）是 ISO（国际标准化组织）与 IEC（国际电工委员会）于 1988 年成立的专门针对运动图像和语音压缩制定国际标准的组织，目前，已经建立了多个 MPEG-X 压缩编码标准。

在 MPEG-1 标准中的声音部分就是 MPEG-1 的音频文件，也就是 MPEG-1 的音频层。一般情况下，可以根据压缩质量与编码本身的复杂程度的不同，将 MPEG-1 音频文件分为三层，分别是 MPEG-1 Audio Layer1/2/3。并且，将它们与 MP1、MP2、MP3 分别进行对应。需要注意的是，MPEG-1 音频编码本身就有着较高的压缩率，其中 MP1 的压缩率为 4：1，MP2 的压缩率为 6：1～8：1，MP3 的压缩率为 10：1～12：1，根据三者压缩率的不同可以很明显地发现，MP3 的声音压缩格式所采用的正是 MPEG-1 音频编码中的 Layer3。

MP3 属于一种有损压缩，这种压缩方式的一大特点就是使用较大的压缩化，并在最终得到较小的比特率，这种压缩方式得到的压缩效果能够获得 CD 的音质，而且这种压缩方式操作起来十分简单，很容易从互联网上下载自己所需要的 MP3 资源。

2.MP4 标准

很多时候，MP4 的声音压缩标准与 MPEG-4 的活动图像压缩标准会使人产生混淆，但是需要明确的一点是，MP4的声音压缩标准所使用的是MPEG–2AAC技术，这一标准的特点就是能够使音质更加完美，并且压缩比更大，能够在高压缩之后，让音频信号完美展现出CD的音质。

（二）数字媒体图片的压缩标准

1.JPEG标准概述

国际标准化组织ISO和国际电工技术委员会IEC等国际组织于1992年制定出JPEG（联合图片专家小组简称）压缩编码标准，JPEG是第一个数字图像压缩的国际标准，其标准为多灰度连续色调静态图像压缩编码。该标准广泛应用于互联网、数码相机等很多领域的图片格式。JPEG标准不仅适用于静止图像的压缩，在电视图像序列的帧内压缩中也常采用JPEG标准。

现阶段JPEG标准的基本压缩方法主要有两种，分别是无损压缩与有损压缩。无损压缩也被称为预测压缩，这种压缩方式的基础是差分脉冲调制，在解码之后还能够完美再现原图像，这种压缩方法相较于有损压缩方法的压缩比更低；有损压缩方法的基础是离散余弦变换，这种压缩方法的压缩比很高，是JPEG标准的基础。

2.JPEG压缩编码算法

这一算法就是通过使用正向离散余弦变换将原图像数据中的信息从空间域变换成频率域的数据，之后还会利用相关数据的频率特性进行合适的处理；通过使用对人的视觉系统最佳的加权函数对相关的DCT系数进行一定程度上的量化。

JPEG压缩编码的算法通常会有以下六个计算步骤：第一是使用正向离散余弦变换，第二是进行量化，第三是使用“Z”字形编码，第四是通过差分脉冲编码调制DPCM对直流系数DC进行相应的编码操作，第五是通过使用行程长度编码RLE对交流系数AC进行相应的编码操作，第六是进行熵编码。

3.JPEG2000

作为图像压缩标准之一的JPEG2000是根据小波变换实现的，最初这一标准的制定者是JPEG。并且，大多数人都认为JPEG2000图像压缩标准能够在未来取代现阶段使用的JPEG图像压缩标准。

相较于传统的图像压缩技术，JPEG2000有着较为显著的几项优点，分别是：

第一，此种压缩技术的压缩比更高，并且，JPEG2000 不会像 JPEG 标准一样产生块状模糊瑕疵；第二，JPEG2000 能够同时支持有损压缩与无损压缩；第三，JPEG2000 还会支持更为复杂的渐进式显示与下载；第四，JPEG2000 的根本目标不只是要在性能方面远远超越 JPEG，还要增加与增强可缩放性、可编辑性等类似的特性；第五，JPEG2000 还能够对感兴趣的区域进行相应的压缩操作。

虽然 JPEG2000 在技术上有一定的优势，但目前为止，网络上采用 JPEG2000 技术制作的图像文件数量仍然很少，并且大多数的浏览器没有内置支持 JPEG2000 图像文件的显示，这可能是因为 JPEG2000 存在版权和专利方面的问题，JPEG2000 标准并不存在授权费用，但是，在 JPEG2000 编码的核心部分的各种算法都被注册了相应的专利。并且，因为使用 JPEG2000 在无损压缩之后仍然能够呈现出较为良好的压缩率，所以在社会中一些对图像的品质有着较高的要求的领域已经开始着手应用 JPEG2000，希望将来能在更多领域得到广泛应用。

（三）数字媒体视频的压缩标准

1.MPEG 标准概述

动态图像专家组的简称就是 MPEG，它是 ISO（国际标准化组织）和 IEC（国际电工委员会）在 1988 年共同合作成立的，主要工作内容就是对电视图像数据与声音数据进行编码与解码等操作，并且，基于这些工作经验，该专家组制定了相应的标准，就是 MPEG 标准。一般情况下，我们认为 MPEG 标准主要有五个，分别是 MPEG–1、MPEG–2、MPEG–4、MPEG–7、MPEG–21。

（1）MPEG 标准图像类型

MPEG 标准将编码图像分为三种类型，分别是 I 帧（帧内编码图像帧）、P 帧（预测编码图像帧）和 B 帧（双向预测编码图像帧）。I 帧采用类似 JPEG 标准的帧内 DCT 编码，压缩比较低，可作为 P 帧和 B 帧的图像预测参考帧；P 帧通过对前面的最近的 I 帧或者是 P 帧进行前向的预测，在之后根据情况选择有运动补偿的帧间预测编码方式，P 帧的压缩比也不高；B 帧既要用以前的图像帧（I 帧或 P 帧）做预测参考帧，进行前向运动补偿预测，又要用后面的图像帧（P 帧）做预测参考帧，进行后向运动补偿，B 帧有较高的压缩比。

（2）MPEG 标准数据流结构

MPEG 标准定义了视频数据流的分层数据结构，共分 6 层，从高到低依次为视频序列层、图像组层、图像层、宏块条层、宏块层和块层。每一层定义了一个确定的功能、信号处理功能或逻辑功能。

（3）MPEG 标准视频编码原理及关键技术

MPEG 标准视频编码原理是利用了序列图像中的空间相关性，其关键技术有以下几点：帧重排、离散余弦变换（DCT）、量化器、熵编码、运动估计和运动补偿、I 帧、P 帧和 B 帧编码。

2.MPEG–1 标准

MPEG–1 标准于 1993 年公布，其目的是为了统一工业级标准，以及有效解决多媒体的存储问题，伴随着这一标准的成功制定，在全世界范围内极为迅速地普及了 MPEG–1 标准的产品。这一标准在设计之初是为了传输有着 1.5Mbit/s 数据传输率的数字存储媒体运动图像以及相应的伴音的编码，其本身有着较为完美的 CD 音质，而且，它的质量与家用的录像机 VHS 相比不落下风。MPEG 的编码速率最高能达到 4～5Mbit/s，然而，伴随着速率的提高，其解码之后的图像质量也有所降低。

MPEG–1 的编辑主要包含五个部分：系统、电视图像、音频、一致性测试、软件模拟。其中，该标准的数据流的组成元素有三种，分别是图像流、伴音流、系统流。

3.MPEG–2 标准

MPEG–2 标准全称为运动图像及有关声音信息的通用编码，是 ISO/IEC 的 MPEG 专家组与 ITU–T 的 ATV 的图像编码专家组共同制定的，其编码速率高达 10Mbit/s，是运动图像和伴音的通用标准，其视频编码算法采用带运动补偿的帧间预测和帧内 DCT 编码相结合的混合编码算法。

MPEG–2 标准本身就包含了多个方面的内容，如系统、电视图像、音频、先进声音编码、编码口实时声音拓展标准等等。值得注意的是，MPEG–2 解码器本身还适用于 MPEG–1 标准与 MPEG–2 标准，在 MPEG–2 标准下的视频数据速率为 3～15Mbit/s，其基本分辨率是 720×576 像素，画面的帧数为 30 帧 /s。而且，在这一标准下还能够通过 30：1 或者更低的压缩比获得有着广播级质量的视频图像。并且，这一标准还在一定程度上允许在画面质量、存储质量、带宽之间进行合适的选择，并在合适的限度内进行压缩比的改变。

第二节　数字媒体存储的技术

一、数字媒体存储技术的概述

数字媒体存储的主要对象是数字媒体信息，通常情况下，我们所知道的数字媒体信息大多数为数字化的文本、图像、音频、视频等，不管什么样的媒体信息，其最终的存储结构都是数据。所以，若是基于存储层面上而言，任何数字媒体存储技术都是数据存储技术。但是，媒体信息的一般数据在存储上有着一定的区别，比如有的自身的数据量较大，还有的应当满足实时传输的需求。

关于媒体信息的大小，可以有以下对比：

（1）一条短信可以发 70 个汉字（包括标点符号），最大长度为 160B。

（2）一幅 800×600 像素的图片经过 JPEG 压缩之后大约为 100KB。

（3）一段一分钟的语音，按 8kHz 的频率采样，4 倍的压缩率，大约为 240KB。

（4）一段一分钟的标清视频，按 H.264 编码，大约为 4MB。

以上只是民用级的多媒体数据的大小，如果是广播级的编辑使用音视频码流，按 2 到 4 倍的压缩率计算，一般需要 25～100Mbit/s 的带宽，所以，其数据容量会有更大的需求。

总的来说，媒体信息的字节数相较于文字信息的容量要显得更大，所以，在企业级应用当中，当我们面对的信息数据过于庞杂时，就需要使用大容量的存储设备，还需要相关的技术支持。

从容量方面上来看，单个的存储介质的容量再大，其数量也是有限度的。一般情况下，最优做法就是将多个存储介质进行连接，并对其进行相应的管理，这样就可以将存储介质的容量扩容到海量。连接之后的每一个存储介质自身都有输出接口，这就在一定程度上增加了大量的输出带宽，具体来说就是加快了输出速度。截至目前，我们较为常用的容量较大的存储介质主要有三种，分别是磁带、磁盘、光盘，若是将同一类的存储介质进行连接能够获得磁带库、磁盘阵列、光盘塔，还能够获得与之相对应的管理技术。

对于专业的视频编辑来说，一般是在局域网环境下进行工作。局域网可以提供理想的网络带宽，能最大限度地提高编辑效率，以保证编辑的质量。但随着广域网技术的发展，在广域网条件下进行视频编辑的条件也在不断成熟，这也给存储技术带来了新的课题。

最初，处于网络条件下的存储设备只能依附于服务器而存在，直到后来科技的发展，使其逐渐成为独立设备，又发展成为专门的存储网络。现阶段，云计算技术的蓬勃发展使得相应的云存储技术应运而生，云存储是一项方便进行扩充且更加友好的存储服务。

现阶段，在电视传媒领域，高清与超高清视频技术也在不断地发展，同样的，在互联网领域，以大数据为基础的各种各样的新兴应用也在不断地出现，要想实现以上目的就需要容量更大的存储技术的支持。

最初的时候，数字媒体存储概念来自数据存储，数据存储技术就是在不同应用环境当中，通过各种方式将相关数据保存到最为合适的存储介质中，还需要保证能够对数据进行正常的访问。数据存储的内容有两个层面：第一个层面是物理层面，在这一层面上能够为数据提供临时或者能够长期驻留的物理媒介，需要确保这一媒介自身的安全可靠性，还需要保证之后能够进行有效的数据访问；第二是在系统层面上，需要确保所存储的数据是完整、有效且安全的。所谓的数据存储技术就是将以上两个层面进行结合，之后为客户提供最为合适的解决方案。

数字媒体具有数据量大、数据带宽高等特点，所以在数据存储技术中，数字媒体对存储的要求比通常数据的存储容量更大、带宽更高。数字媒体的存储技术要解决两方面的问题，一是大容量数据的存储——大容量数据存储介质和安全高效的数据接口；二是基于高带宽网络的数据共享——网络存储技术。

二、磁存储技术

磁存储技术中的硬磁盘存储系统是现阶段在各种类型的计算机系统中最为重要的存储设备。磁存储介质本身就是在带状或盘状的带基上通过涂上磁性薄膜制成的，较为常用的磁存储介质主要有计算机的磁带、硬盘，还有录音机的磁带等。

需要注意的是，磁存储介质能够对声音进行存储，也能够对任何可以转换为电信号的信息进行存储，其自身具有以下几项特点：信息能够长期保存在磁带中，以便于在需要的时候进行重复播放；能够同时对多路信息进行存储等。现阶段的磁存储技术被广泛应用于科技信息工作当中以及信息服务当中。磁存储技术是各种小文献信息机构建立较大数据库或者信息管理系统的基础，也更加方便在之后建立分布式微机信息网络。

在数字磁存储技术中被应用最为广泛的是硬磁盘。硬盘具有容量大、体积小、速度快、价格低等优点，是数字媒体最主要的外部存储器。

（一）硬盘接口技术

硬盘由磁头、磁介质盘片和驱动机组成，并加以密封。从外观上来看，只能看到一个金属盒及裸露在外的控制电路板、数据线接口、电源接口、跳线等部件。

被密封在净化腔体内的构造主要包括固定面板、电机和盘头组件等。其中，盘头组件是核心部分，主要由浮动磁头组件、磁头驱动定位机构、盘片和主轴组件组成。

通过将所有的硬盘的盘片装配在同一个同心轴上面，就能够组成硬盘自身的数据存储载体。因为盘片的两个面都能够对数据进行记录，所以每个面都有组合相应的读写磁头。要想实现硬盘的定位与读写，就需要在磁盘工作的时候启动主轴的电机，通过主轴带动盘片进行高速的旋转，此时的磁头会驱动定位系统对读写进行控制，使其按照要求进行伸缩，最终使得磁头能够直接定位到需要进行读写的数据存储位置，通过读写电路控制磁头进行读写工作。

硬盘接口类型有 ST506、IDE、EIDE、ESDI、Ultra-ATA、SCSI 等，使用最多的硬盘接口主要为 IDE 和 SCSI 两种。移动硬盘接口有 USB 和 1394 等。

1.IDE 接口

IDE 接口即电子集成驱动器，它代表着硬盘的一种类型。ATA、Ultra-ATA、DMA、UltraDMA 接口的硬盘都属于 IDE 硬盘。现在最常见的是 ATA/100 和 ATA/133 接口标准的硬盘。IDE 硬盘也叫作并行 ATA 硬盘，需要使用 40 芯或 80 芯的数据电缆与主板连接。

2.SATA 接口

SATA 接口即串行 ATA 接口，具有结构简单、支持热插拔的优点。采用 SATA 接口的硬盘又叫作串口硬盘，是未来 PC 机硬盘发展的趋势。

3.SCSI 接口

SCSI 接口就是指小型计算机系统接口，这种接口现阶段常用于小型计算机上的高速数据传输技术中，而且还能够连接多种设备。

（二）RAID 技术

RAID 就是独立磁盘冗余阵列，英文全称是 Redundant Array of Inexpensive Disks。RAID 本身就是将多块独立的物理硬盘进行不同方式的组合之后形成一个硬盘组，其最终目的是为了获得比单个硬盘更高的存储性能与数据备份技术。另外，不同的磁盘阵列组合方式被称为 RAID 级别。其中，数据备份的功能是为了保证用户数据的安全，帮助用户在存储数据发生损坏之后可以通过备份的信息使其恢复。对于用户来说，自己所使用的硬盘组就像是一个硬盘，不仅可以实现分区的操作，还能够进行格式化等操作，就像是对单个硬盘的操作。但是需要注意的是，在存储速度方面，磁盘阵列要远高于单个硬盘，而且有着自动进行数据备份的功能。并且，尽管 RAID 本身是由多块硬盘组成的，但是在操作过程中，它是作为一个独立的大型存储设备而出现的。RAID 技术主要有以下三个优点：

首先，将多个磁盘组织在一起就能够使其成为一个逻辑卷，从而为磁盘提供跨越功能。

其次，可以将数据分成多个数据块，并行写入或读出多个磁盘，由此就能够有效地加快磁盘的访问速度。

最后，要想获得容错能力，可以进行镜像或者校验的操作。

伴随着技术的进步，硬盘的接口传输率不断提高，IDE-RAID 芯片也随之进行了升级，现阶段芯片市场上的大多数芯片已经全部支持 ATA100 标准了，甚至最近推出的 HPT372 芯片与 PDC20276 芯片也已经开始支持 ATA133 标准的 IDE 硬盘了。伴随着使用者的要求不断提高，不同厂商之间的竞争也越来越激烈，现阶段的很多厂商已经开始支持在主板上搭载 RAID 芯片，这就使得用户可以不用直接购置 RAID 卡就能够组建自己的磁盘阵列，从而更好地提升了磁盘的读取与写入的速度。

（三）磁带存储技术

早在20世纪20年代，德国就诞生了世界上第一个用于记录声音的发明——磁带。计算机发明以后，磁带存储是最早期的大容量数据存储技术。1952年IBM公司发布了计算机业内的第一台数据磁带机，开启了用磁带记录数据的历史。

磁带可以说是最古老的存储介质，自从硬盘问世以后，磁带这种线性寻址访问方式，由于速度慢，并对环境要求高等缺点使其退出了民用市场，但在工业级的应用中，磁带存储设备仍然有其用武之地。

磁带本身作为常用存储介质中的一个，其自身的单位存储信息成本是最低的，而且存储的容量也很大，有着最高的标准化程度。因为这几年一直在使用具有高纠错的编码技术以及能够进行即写即读的通道技术，在一定程度上很好地提升了磁带存储的可靠性与读写的速度。

磁带格式是指磁带中数据的记录方式。当前，主流的磁带格式主要分为线性记录和螺旋记录两大阵营，两种技术各有所长。采用线性记录的磁带格式主要有DLT、Super DLT、LTO等；而采用螺旋记录磁带格式的主要有DAT、AIT等。

1.LTO技术

LTO技术是指线性磁带开放协议，这一协议最初是由HP、IBM、Seagate三家厂商联合制定的，这一技术可以有效提升磁带的能力与性能。LTO本身是一种开放格式技术，这就使得它的用户不但能够拥有多项产品以及多规格的存储介质，甚至还能够提升产品自身的兼容性与延续性。

LTO技术会呈现出两种存储格式，分别是高速开放磁带格式Ultrium与快速访问开放磁带格式Accelis，需要注意的是，这两种存储格式能够在一定程度上满足不同的用户对LTO存储系统的要求。另外，Ultrium使用的是单轴1/2英寸磁带，它的非压缩存储容量是100GB，有着最大20MB/s的传输速率，在经过压缩之后的容量能够达到200GB，这种存储格式有着非常庞大的增长空间，极其适用于进行数据的备份、存储与归档工作。与之不同的是Accelis磁带格式，这种存储格式更为重视对数据进行快速存储，在自动操作环境当中Accelis磁带格式十分适用，经常被用来进行在线数据的处理以及应用的恢复。

2.DAT技术

DAT技术的英文全称为Digital Audio Tape，我们可以将其称为数码音频磁带技术或者 4mm 磁带机技术。通过使用 DAT 使用影像磁带式技术就算是再小的磁带盒也能够获得较高的容量，并且这种技术后来也使用 8mm 磁带盒，需要注意的是，这项技术最初是由惠普公司（HP）与索尼公司（SONY）一同进行研发并获得成功的。DAT 技术基于螺旋扫描记录，最终对转化为数字的数据进行存储，最初，DAT 技术主要对声音进行记录，之后随着技术的迭代发展，这项技术得到了完善，常应用于数据存储领域当中。经过总结发现，DAT 技术一共经历了四个技术阶段，分别是 DDS-1、DDS-2、DDS-3 与 DDS-4，伴随着技术的发展，其自身的容量跨度为 1～12GB。现阶段的一盒 DAT 磁带的存储量能够达到 12GB，若是对其进行压缩处理可以达到 24GB，另外，目前这项技术较多地被应用于用户系统或局域网。

3.DLT 技术

DLT 又叫作数字线性磁带，它的英文全称为 Digital Linear Tape，这项技术是基于 1/2 英寸磁带机实现的。作为出现较早的 1/2 英寸磁带机技术，其主要功能就是进行数据的实时采集。需要注意的是，DLT 磁带的开发者为 DEC 与 Quantum 公司。音位磁带本身有着较大的体积，所以 DLT 磁带机都是 5.25 英寸全高格式。而且，DLT 产品主要面向于中、高级的服务器市场以及磁带库系统，这是因为其自身具有大容量的优点。经过统计可以发现，现阶段的 DLT 驱动器有着 10～80GB 不等的容量表现，还有着 1.25～10MB/s 的数据传送速度。还有一种磁带存储技术为 Super DLT（SDLT），这是昆腾公司以 DLT 为基础所研发的新的格式，通过与新型磁带记录技术进行结合，使用激光导引磁记录（LGMR）技术，就能够通过增加磁带表面的记录磁道数使得记录容量得以增加。现阶段的 SDLT 可以达到 160GB 的容量，远远高于 DLT 磁带系列产品，是它的三倍左右，就连传输速率方面也是 DLT 的两倍，为 11MB/s。

三、光存储技术

20 世纪 70 年代，光盘存储技术的研究获得成功。1971 年，IBM 公司与 RCD 公司合作制造出了世界上第一片只读光盘，揭开了光盘发展历史的第一页。1985 年飞利浦与索尼公司共同制定了光盘记录数据的黄皮书，奠定了光盘的技术标准——CD-ROM。随后，CD-ROM 得到了极大的普及，光盘技术也得到了迅速发展，各种光盘技术层出不穷。DVD、可擦写的磁光盘、大容量的蓝光盘相继问世。在大容量的多媒体数据的存储技术中，光盘技术日益受到重视。

光盘具有以下特点：

（1）光盘容量从 650MB 到 25GB。

（2）存储寿命一般在 10 年以上。

（3）接触式读 / 写和擦，光盘不会磨损或划伤盘面。

（4）信息的载噪比（CNR）可高达 50dB 以上，且经多次读写不降低。

（5）单位信息的价格低。

与硬盘系统相比，光盘具有成本低、便于携带、对保存环境要求低等优点；同时也有读写速度较慢、保存不当易于产生划痕等问题。

光盘存储技术是采用磁存储以来最重要的新型数据存储技术，以其标准化、容量大、寿命长、工作稳定可靠、体积小、单位价格低及应用多样化等特点成为数字媒体信息的重要载体。光盘存储技术是采用光学方式来记录和读取二进制信息的。

（一）光盘

光盘也被称为高密度光盘，其英文全称为 Compact Disc，具体来说，就是在近代所发展起来的与各种磁性载体不同的光学存储介质，最终目的就是通过聚焦的氢离子激光束对介质记录的处理方式进行信息的存储与再生，我们也将其称为激光光盘。因为软盘本身的容量过小，所以有着大容量的光盘逐渐受到了广大使用者的喜爱。较为常见的光盘十分轻薄，经过测量可以发现仅仅有 1.2mm，但是得益于其大容量的特性，所以其中能储存很多的内容。一般而言，制作的 CD 光盘主要有五层，分别是基板、记录层、反射层、保护层、印刷层。

通过使用光学方式对二进制信息进行记录和读取被应用于光盘存储技术中。现阶段可以明确知道的标准光盘种类主要有以下几种：CD–DA、CD–ROM、CD–I、CD–ROM/XA、Photo CD、VCD 和 DVD 等。

CD–DA 的简称为 CD–A，被称为激光数字唱盘，它主要用于各类数字音频信息的存储，所进行的存储正式标准被定义于 1982 年发布的红皮书，其中规定音频数据应当有两个声道，分别为左和右，在进行采样的时候需要保证采样的频率为 44.1kHz，16bit 量化。

VCD的存储格式为CD格式，标准为MPEG–1标准，现阶段通用的标准是在1994年发布的白皮书中所规定的，这就使得VCD节目能够在CD–ROM、CD–I和VCD播放机上进行播放。

我们在选择存放视频节目的时候，经常会选择使用DVD，同样的，DVD也可以存储其他类型的数据。通常情况下，单面单层的DVD盘片的数据存储量为4.7GB，若是双面双层，就能够使其数据存储量高达17GB。DVD的音视频格式使用的就是MPEG–2，它能够保证其中所配备的声音质量为Dolby AC–3或MPEG–2，并且，还为声音配备了不同种语言的字幕。对于DVD驱动器来说，其本身具有向下兼容的特性。

（二）蓝光存储技术

蓝光，也称蓝光光碟，英文翻译为Blu–ray Disc，简称为BD，是DVD之后新一代的高画质影音存储光盘媒体（可支持Full HD影像与高音质规格）。蓝光或蓝光盘利用波长较短的蓝色激光读取和写入数据，并因此而得名。蓝光在很大程度上提高了光盘的存储容量，这就使得蓝光帮助光存储技术产品获得了跨越式的飞速发展。在这之前，以东芝为代表的HD–DVD与蓝光光碟（Blu–ray Disc）相似，盘片均是和CD同样大小（直径为120mm）的光学数字存储媒介，使用405nm波长的蓝光。

蓝光存储技术使用波长为405nm的蓝紫色激光，不是目前DVD所使用的红色激光（波长为650nm），这样能够有效提升一张光盘的数据容量，比如，可以将现阶段的一些单面DVD光盘的数据存储容量直接提升4～6倍，具体在应用过程当中能够有效记录13个小时的普通电视节目或者是2个小时的高清晰度电视信号。这就标志着其能够广泛应用于有着较高清晰度要求的数字音像记录设备以及电脑的外存储器等方面，无论是在容量还是在质量方面，其表现效果要远高于现阶段的所有DVD。

目前，对这新一代光存储市场的争夺已形成两大技术标准阵营的对垒，以索尼为代表的Blu–ray DVD（BD）和以东芝为代表的HD–DVD标准，都是基于蓝色激光存储信息技术而产生的。BD为了追求更大的容量与更低的光盘倾斜误差，在进行光盘结构设计时极为大胆地直接脱离了原有的0.6mm＋0.6mm的设计，开始使用 1.1mm 基盘＋ 0.1mm 保护层的设计，但是需要注意的是，HDDVD 并没有改变自己的设计，依然在坚持使用传统的 DVD 设计理念，规格与现行的 DVD 规格非常相似，如 BD 的技术规格有单面单层记录容量（23.3GB、25GB、27GB）和单面双层容量（50GB），BD 单面记录层数还可扩充至 8 层，容量达到 200GB。HDDVD 容量单面单层为 15GB，比 BD 少 10GB，单面双层容量 30GB。HDDVD 具有与 DVD 兼容的优势，而 BD 则具有大存储容量的优势。同时，由于 BD 透光保护层极薄，对光盘表面抗灰尘与指纹的要求很高。

四、半导体存储技术

半导体存储器的英文全称为 semi-conductor memory，其本身就是一种能够将半导体电路作为存储媒体的存储器，并且，其中的内存储器就是由存储芯片的半导体集成电路组成的。若是将其按照自身的功能情况进行分类，可以分为两类，分别是：随机存取存储器（RAM）和只读存储器（ROM）。RAM 包括 DRAM（动态随机存取存储器）和 SRAM（静态随机存取存储器），需要注意的是，若是突然关机或者断电就会使其中所存储的信息全部丢失。DRAM 一般被用于内存中的主体部分，并且大多数时候它被使用在高速缓存存储器中。ROM 在大多数情况下被用于 BIOS 存储器中，若是对其进行分类可以按照制造工艺进行划分，分别为双极晶体管存储器与 MOS 晶体管存储器，并且该存储器本身还具有体积小、存储速度快且密度高、能够与逻辑电路的接口链接等优秀之处。

我们在日常生活中会遇到一些闪存技术与可移动存储卡，其中最为常见的闪存技术及可移动存储卡有以下几类。

（一）闪存（Flash RAM）

闪存是一些存储器的总称，即使断电后再重新打开也能保证里面的内容不丢失，是极为可靠的非易失性存储器。目前，Flash ram 主要有两种技术，分别为 NOR（或非）和 NAND（与非）。它们在应用上有所不同，因此也用于不同的场合。读取 NOR Flash 和读取常见的 SDRAM 是一样的。需要注意的是，它的所有地址都是能够被直接看到的，甚至于还能读取其中任意随机地址的值，并且类似于 SDRAM，在 NOR Flash 中所装载的代码能够直接在其中运行，这就是所谓的

XIP（Execute-In-Place）技术。因为 NOR Flash 的这种特性，所以它适用于小型嵌入式系统。

目前，闪存芯片的存储容量已经达到了 16GB，采用 NAND 型闪存芯片，使用了 50nm 制程。相信随着半导体和集成技术的发展，闪存芯片的容量还会大幅度地得到提升。

（二）可移动的闪存卡

1.SM 卡

作为微储存卡的一种，SM 卡有着比较薄的体积，重量也仅仅只有 1.8g，其自身有着较高的可擦写性能。同样，在设计之初，为了节省 SM 卡的成本，只设计了 Flash Memory 模块和接口，这就使得用户在使用的时候只能自己装置控制机构，在一定程度上导致了它的兼容性比较差。SM 卡自身所使用的接口为 22 针，所使用的格式有两种，分别是物理格式与逻辑格式，其中物理格式是为了保证不同的设备之间具有兼容性，受制于内存的类型与储存卡的容量，物理格式的配置会在页面的大小上有着不同的表现。逻辑格式多数采用 DOS-FAT 格式。另外，SM 卡自身有两种工作电压，分别是 3.3V 与 5V。但是需要注意的是，现阶段推出的数字产品不再使用这一类存储卡的产品了。

2.MMC 卡

MMC 卡（Multimedia Card）翻译成中文为多媒体卡，是一种快闪存储器卡标准。在 1997 年由西门子公司及 San Disk（闪迪）公司共同开发，MMC 卡是基于东芝的 NAND 快闪记忆技术开发出来的，因此，较早期基于 Intel NOR 快闪记忆技术的记忆卡更为细小。MMC 卡大小与一张邮票差不多，约 24mm × 32mm × 1.5mm。一般情况下可以将 MMC 存储卡分为 MMC 与 SPI 两种工作模式。需要注意的是，MMC 模式是默认模式，其有着 MMC 的所有功能特性。SPI 模式是第二模式，属于 MMC 协议中的一个子集，大多数时候用于数量较少的卡与低数据传输率的系统，尽管这一模式能够减小设计花费，但是其所表现的性能比不上 MMC。

为了获得较低成本数据平台与通信介质，相关人员设计了 MMC 卡，这种卡有着简单的接口，仅仅 7 针，其成本低于 0.5 美元。甚至在接口中，电源的供应位置仅仅需要 3 针，数据操作也是只用三针与总线进行串行。

MMC 卡的功耗很低，在使用过程当中的操作电压为 2.7～3.6V，写 / 读电流也只有 27mA 和 23mA。该卡的读写模式有三种，分别为流式、多块、单块。其中，最小的数据传送就是将块作为单位，通常情况下，我们会默认块的大小为 512bit。

3.CF 卡

CF 卡的英文全称为 Compact Flash，最开始是作为便携式电子设备的数据存储设备被设计制造的。尽管它是一种存储设备，但是设计者还是在其中加入了闪存的应用，这也使其制作公司在之后生产并制定了相关的规范。现如今，CF 卡中的物理格式已经被很多设备所采用，根据外壳进行划分，可以将其分为两种：CFI 型卡、CF Ⅱ型卡。

4.SD 卡

SD 卡的英文全称是 Secure Digital Memory Card，通常被称为安全数码卡，需要明确的一点是，这一类卡的设计基础是半导体快闪记忆器，它主要被用于便携式装置，比如数码相机、多媒体播放器等。SD 卡本身是一种存储卡，最早在 1999 年根据日本松下提出的相关概念，由东芝与美国的 San Disk 公司进行实质性的研发之后获得的。在 2000 年，参与研发的几家公司共同发起成立了 SD 协会，参与者众多，在这些厂商不懈努力的推动下，SD 卡已经成为现阶段数码设备中应用最为广泛的一种存储卡，而且，SD 卡有着众多的优点，比如大容量、高性能、功能多等，相较于 MMC 卡，它多了一个进行数据著作权保护的暗号认证功能，这就使得它的读写速度比 MMC 卡快了 4 倍，达到了 2M/s。

5.XD 卡

XD 卡的英文全称为 XD Picture Card，其只有邮票大小，是日本的奥林巴斯株式会社和富士有限公司联合推出的新型存储卡。这种卡本身的外形紧凑仅为 20mm × 25mm × 1.7mm，总体积为 0.85cm³，重量为 2g，值得注意的是，这种卡在数字闪存卡范围内是至今为止最为轻便、小巧的一种储存卡。

6.USF lash Disk

作为一种使用 USB 接口的不需要进行物理驱动的微型高容量移动存储产品，闪存盘所使用的存储介质称为闪存。在使用闪存盘的时候，只需要接在电脑上的 USB 接口就能够独立地存储读写数据。因为闪存盘自身的体积较小、重量较轻，十分适合随身携带。

五、网络存储技术

网络存储技术的基础为大容量存储器，要想实现大规模数据的保存与共享，可以通过网络作为传输手段。相应的数据不但能够在远程的专用存储设备中进行保存，也能存储于服务器中。另外，媒体数据在进行数据共享的时候必须要考虑到流媒体的支持能力。

基于对网络存储技术的发展，可以将其分为三个阶段，分别是总线存储阶段、存储网络阶段和虚拟存储网络阶段。

最开始的总线存储阶段主要是指那些基于 SCSI 总线将服务器作为中心的存储系统。这种存储体系的结构缺乏灵活性，存在着原始容量限制、扩展性不强、无法集中管理等缺点。

伴随着存储系统的不断发展，用户十分需要能够在网络上独立存储的设备，它和其他的设备共同构成了存储网络。在存储网络阶段，通过使用面向网络的存储体系结构、分离数据处理与数据存储，并使网络连接服务器与存储资源能够有效消除不同的存储设备与服务器之间的连接障碍，还能够有效提升数据的共享性、可用性与可扩展性，更加便于管理。

互联网的应用在不断增长，过量的信息需求使得存储容量也在飞速增长，但是服务器处理能力并不具备如此高速的增长速度。不仅因为服务器的内部存储极限捉襟见肘，还因为存储内容也在飞速增长，因此，服务器的存储“外部化”要求也应运而生。

近年来，存储网络技术在飞速地发展，其本身具有安全性能高、动态扩展性强等特点，并且，现阶段的存储网络技术已经广泛应用于很多工业标准中，并作为基础的网络存储方案使用。从目前来看，局域网存储是数字新媒体领域引用最多的存储技术，这种存储方式的带宽能够达到 1Gbps；另外，比这一技术使用量略少的就是光纤通道技术（FC），从理论上来说，若是在全双工的情况下能够使带宽达到 2Gbps，单通道也可以达到 1Gbps。在这两种存储技术中，第一种是基于低价位的分布式网络存储方案而实现的；第二种主要应用于中低市场，其主要架构所使用的就是专用存储。近年来，随着科技的发展、用户的需求增加，存储网络技术也开始了迅速发展，大多数应用于管理、制作与播出等方面。

（一）DAS 和 SAS 技术

因为最初的网络过于简单，所以使得直接附着式存储（DAS）得到了一定的发展。需要注意的是，DAS 本身就是存储设备与主机的操作系统的结合，并且这一网络存储技术最为典型的管理结构就是以 SCSI 为基础的并行总线式结构。直到 20 世纪 80 年代，这一时期的计算机已经由之前的集中式系统转变为了灵活的客户端服务器分布式模型，使得 SAS 这一附着于服务器的存储得以诞生。SAS 与 DAS 本身有着一定的相似性，但是 SAS 所使用的却是分布式的方法，要想实现它的功能还需要借助于局域网的连接。伴随着时代的发展，越来越多的数据需要被存储在个人计算机与工作站当中，这就对相应的存储技术提出了更高的要求，但是，使用存储共享又会受到一定的限制，这是因为存储本身就是依附于服务器而存在的。

（二）SAN 和 NAS 技术

存储域网络也被称为 SAN，存储技术为了进入网络时代而诞生了 SAN。存储域网络本身不仅能够为网络的应用系统提供丰富且方便快捷的存储资源，还能够实现对网络上所有存储资源的统一管理，这是现阶段最为理想的存储管理与应用模式。具体来说，SAN 本身就是一个存在于服务器与存储资源之间的保证专用且性能高效的网络体系，我们将 SAN 看作是 SCSI 协议在长距离应用上的扩展。SAN 本身所使用的典型协议就是 SCSI–FCP，这一协议是由 SCSI 与 FC 组成的。SAN 不仅适用于构建媒体业务管理，还能够作为音视频播出服务器的网络化框架存在。但是，这些应用在使用过程中对性能、冗余度、可获得性等都有着较高的要求。

现如今，发展最为迅猛的数据存储设备之一就是依附于网络的存储，也被称为 NAS。在网络架构当中，数据是网络的中心，NAS 设备则直接连接在网络上。并且，NAS 本身包含两个部分，分别是文件服务器与存储设备。在 NAS 服务器上，不仅仅使用了经过优化的文件系统，还安装了有预配置的存储设备。作为能够直接连接在局域网上面的 NAS，在客户端上能够进行 NAS 系统与存储设备数据的交换或者是通过磁盘映射与数据源建立起相应的虚拟连接。研究发现，NAS 本身有着以下几种特点：首先是这种类型的设备应当以单独的文件服务器存在，并且网络中所有设备的大多数数据都会存储在 NAS 设备上面；其次是该设备能够更加方便且快捷地连接网络；再次是该设备能够极大地降低相关设备的管理与维护费用；最后，NAS 设备能够支持多个不同的操作系统平台，还能够提供相应的设备以保证其可以满足 7×24 小时的工作需要。在数字视频领域，NAS 技术较多应用于中心在线存储、网络硬盘服务器以及网络非线性编辑等。

通常情况下。SAN 技术与 NAS 技术在一定程度上是互补的，他们的不同之处在于 SAN 的中心为数据，NAS 的中心为网络。简而言之，SAN 的优势是高带宽块状数据传输，NAS 的优势是更加适合文件系统级别以上的数据访问。使用者若想运行关键的应用可以选择安装部署 SAN，对于日常的办公可以选择安装部署 NAS，因其较为适合多个客户端之间或者多个服务器与客户端之间进行大量的文件分享。

（三）IP 存储网络技术

作为网络条件下的 SCSI–3 协议，互联网 SCISI 融合了以太网与 IP 的开放性，并且还具有 NAS 的文件级读取与基于 SAN 的块级存取等优点。

随着时代的发展，IP 与以太网的数量在飞速增长，使用者能够通过使用与构建互联网相同的基础资料来满足自身对于存储网络的需求。但是，服务器想要读取 FC 上 SAN 的数据块，就需要对那些在 TCP/IP 的以太网上所安装的开放的 ISCSI 驱动进行运行。如果用户想要不受限制地扩大自己的存储容量与带宽，就需要利用基于 TCP/IP 的以太网，需要注意的是，ISCSI 要想适应用户不同的存储需求，还可以构建出任何大小的网络来满足需求。

光纤通道想要承载 IP 就需要在 TCP/IP 上使用相应的管道技术，并且，光纤通道技术所使用的封装技术是将光纤通道的协议直接封装到 IP 包中，从而使其能够通过 IP 网。现阶段已有很多用户能够在自己的光纤通道网中调节 SAN，从而使其能够有效扩展到城域网以及广域网。

随着科技的发展，如今的 DAS、SAS、SAN、NAS 四者之间已经不再有较为明显的区别了，随着用户需求的提升，所有的技术为了满足相应的存储需求都在面临着极为严峻的考验。为满足用户的存储需求，传统客户端服务器的计算模式逐渐演化成了具有任意连接性的全球存储网络，进一步提升了数据的利用率，也进一步优化了分布式数据的存储功能。这都得益于现有的科技与新科技的发展与融合，存储网络市场开始蓬勃发展。尽管在一定程度上提升了物理层面上的连通性，但是并没有在本质上解决不同服务器之间的共享数据的困难。由此可见，存储网络的未来发展方向大致会包括存储管理、自动备份与回复、异质间的互操作性以及存储网络的服务质量等方面。

第三节　数字媒体资产管理的技术

一、数字媒体资产管理技术的基础知识

（一）数字媒体资产管理技术的概述

一般情况下，我们认为媒体资产有广义与狭义之分。若从广义上对媒体资产进行区分，可以包括媒体员工本身的智力与知识等内容；若是从狭义上对媒体资产进行论述，只包含一个媒体，并且这个媒体在进行运营的过程当中积累了具有保留价值的各种数字化的信息与内容。同样的，对于不同的媒体来说，媒体资产本身所代表的含义各不相同，比如，平面媒体会认为媒体资产主要内容为文字与图片等，广播媒体则认为其以音频为主，电视媒体则更注重视频。只有对媒体进行有效的管理，才能够更好地对资产信息进行保存与利用，并且充分发挥其中所蕴含的效益。

随着时代的发展，数字技术也在不断地发展，现阶段，传统广播电视的数字化发展已经迈出了极为关键性的一步，为了能够给用户提供更加良好的服务，传统的广播电视网络已经开始逐渐向数字化方向转变，逐渐抛弃了传统录像带下的工作方式，我国很多电台与电视台的内容制作已经逐渐开始数字化与网络化。随着信息技术的发展，互联网与移动网络等新兴的传输方式，使得各类新媒体迅速崛起并获得了极大的关注。

现阶段，数字媒体的发展趋势主要为各种先进的技术与新兴的传输方式进行结合，并最终促进相关行业之间互相融合。但是，伴随着数字媒体的飞速发展，许多问题也随之产生，最为明显的就是管理与技术两个层面的问题。

首先，传统的媒体管理方式已经不能适应时代的发展，不管是传统的广播电

视领域所推行的数字化发展，还是诸如互联网与移动网络等数字新媒体的快速发展，都在一定程度上加深了对数字媒体管理的难度。传统的媒体管理方式已经不能够适应时代的发展，所以说新的媒体管理方式的制定是现阶段数字媒体管理的重中之重。

其次，尽管技术得到了发展，但是还不能完全适应数字媒体发展的要求。对于我国来说，现阶段数字媒体的关键技术在应用研究与集成创新方面还有着较为严重的不足。怎样对最新的信息技术进行深入研究与利用，以及为用户提供安全可靠并且有高质量的数字媒体信息，或者是从庞大的数据库中寻找高价值的、有效的信息等方面还有着较大的不足。我国应当加大各项新兴技术的应用力度，确保技术研究的快速发展，从而有效促进数字媒体的发展与应用。

（二）数字媒体资产管理的措施

信息资源管理本身是一种对各种系统的信息资源进行充分共享与有效利用的活动。随着时代的发展，为满足社会的需要，现阶段国家以及有关部门应当重点对数字媒体信息资源的海量数据进行相应的开发、利用与管理。通常情况下，对于数字媒体资源管理，应当从以下几个方面进行：

1. 信息资源的宏观管理

对信息资源进行宏观管理，是为了能够更好地对信息资源进行开发利用，并且还能对信息技术进行推广应用，也能够更好地进行信息系统与信息网络建设，从而使各种各样的信息资源的战略价值与经济潜能通过低成本与高效率的方式进行有效发挥。在对信息资源进行宏观管理的过程中，需要从组织与社会的需求出发，通过使用各种信息技术与相应的手段，利用各种信息基础设施，对很多存在的信息资源进行相应的规划建设与综合集成，并且对数字媒体信息资源的生产、流通与分配进行协调管理，了解数字媒体的影响力，并依此制定相应的政策法规，最终还需要对数字媒体信息资源管理的宏观调控体制进行深入的研究。

2. 以信息资源过程管理为主线

在进行信息资源交流的过程中，信息资源过程管理包括信息源、信息采集、信息转换等环节，我们应当在数字媒体信息资源的传播、交流过程中添加相应的管理过程，通过两者的充分融合，更好地实现数字媒体信息资源的开发、利用与管理。

3. 利用网络技术、信息技术等多种技术

资源技术管理的根本目的是为了从技术的角度建立一个先进的信息资源管理系统，从而更好地对信息资源进行规划、组织、协调与控制。从现阶段来看，在技术方面，不仅有与网络资源开发与管理有关的信息构建技术，还有与信息存储相关的数据仓库技术，甚至还包括与信息获取发现相关的数据挖掘技术。具体说来，其中主要内容有存储与组织技术、多媒体处理技术以及知识产权保护技术等。

二、数字媒体资产管理的技术体系

数字媒体资产管理的技术体系有着较高的技术含量，若是从管理系统的总体运行上看，可以将其划分为四个层面，分别是：生产、存储、交换与发布。

第一，生产，指的是对信息进行采集与编辑整理等一系列的信息创建与挖掘的过程。

第二，存储，指的是对于数字信息进行有效的保存、保管与高效利用，不但能够进行数据的存储，还能够实现高效的检索功能。

第三，交换，指的是使得架构在内部信息网络中的信息能够进行互联互通，更加方便且快捷地进行信息资源的交流与共享，这里的“交换”也包含着各部门之间进行的信息交换以及对于需要数据访问的网络支撑。

第四，发布，具体来说就是指相关媒体产品的传播。

媒体资产管理的内容与面对的对象较为多样，不仅包括媒体产品的应用，还包括媒体其他资产的管理。

在进行数字媒体的信息资源管理的时候，最为重要的就是建立起数字媒体信息资源管理的技术平台及信息系统，首先需要建立起合适的技术体系，将之作为建立数字媒体信息资源管理的技术平台及信息系统的指导原则与规范。对于数字信息资源管理的技术体系阐述如下：

第一，需要制定相应的信息资源管理模式与信息流程，最终建立合适的信息资源管理机构。

第二，规划信息源的建设以及各类信息资源在信息空间中的合理分步与配置等。

第三，制定信息资源的标准规范，编辑信息资源的编目索引等。

第四，建立信息资源传递交流秩序，传输与交换信息资源。

第五，创建信息资源的检索服务、分发服务，确保信息资源的质量等。

第六，各种相关技术的研发、技术及系统的标准化与规范化的管理等。

第七，确保信息资源管理的安全与控制。

除此之外，还应当积极满足各种层次、各种个性的用户的需求，有效提高信息资源的应用效率，通过对未来的研究与预测，构建出能够适应未来发展、实现开放集成、内容共享、版权保护且合法的数字媒体信息资源管理平台。

这一平台应当在信源地采集、处理、交换、传输等方面构建出一个符合标准的、技术先进的、功能强大的、安全可靠的、能够进行多种业务发展的、可以实际运营的数字媒体信息资源管理平台。

三、数字媒体资产管理的关键技术

数字媒体资产管理是对媒体资产存档、访问、分发、再利用及资产创建等一系列操作过程的系统性管理，需要数据存储、索引与浏览、元数据、保护控制与安全、工作流等多种技术的使用与支持。其中，数据存储、元数据、工作流、控制与安全、查找与显示等都是数字媒体资产管理系统设计的主要关键技术。

（一）数据存储技术

数字媒体资产的存档是媒体资产访问、分发、再利用的先决条件。媒体资产管理系统中采用的存储策略可以是文件服务器的集中存储，也可以是联机方式的网络存储，如存储区域网络等。

若是从存储策略方面来说，在数字媒体资产系统中，音视频资料占据了非常大的数据量，这就使得存储系统有着较大的成本问题。若是使用在线存储，不仅成本过高，还很难将所有的资料都存放于在线的系统当中，通常情况下，最好的办法就是使用不同介质的分级存储管理技术。分级存储就是指将整个存储系统根据其自身的连接状况分为三种类型，分别是在线存储、近线存储和离线存储。其中，在线存储就是磁盘阵列，近线存储就是自动化磁带库或者光盘库，离线存储就是指人工管理的磁带或者光盘。在使用分级存储的过程中，将最为常用的数据存放在快速的硬盘上，能够最快的进行响应；将不太常用的数据存放在自动化磁带库或者盘库当中，在需要使用的时候，自动调入硬盘，但是响应时间就会稍长；最后，将最不常用的数据磁带进行人工管理，在需要使用的时候，通过人工装入到系统当中，这种方式响应的时间最长，但是价格最低。通过分级存储的管理策略，能够更好地解决成本与响应速度之间的矛盾。

就存储介质而言，可以采用独立磁盘冗余阵列（RAID）、磁带、光存储，或者以上存储介质的有机组合。RAID 是一种最为普遍的数字媒体资产存储解决方案，具有简单、经济的特点，并可以实现媒体文件的快速存取与访问。其缺点是组成磁盘阵列的硬盘使用寿命不长，一般为 5 年或更短，因此，硬盘的更换维护成本往往较高。磁带存储就其成本而言要远低于硬盘存储，在良好的工作环境下，其使用寿命可达 10 年以上。磁带存储的缺点在于随着使用时间的延长，文件存取的访问时间要明显长于磁盘和光存储。目前，磁带存储主要用于硬盘文件的备份。光存储使用红光或蓝光技术将数据写入光盘存储介质，其特点是存储容量大、使用寿命长和存取访问时间短。随着光存储技术的不断进步，其存储容量也在不断提高，采用最新蓝光技术的单碟容量已达 200GB 或更高。网络存储一般采用专用高速光纤网络将一组或多组磁盘阵列互相连接起来。这种存储网络为文件服务器和终端用户提供了快捷可靠的存储支持，实现了所有用户统一的存储和分发环境。然而，媒体资产管理中的网络存储又不同于一般共用文件系统中的网络存储，由于网络安全、元数据的复杂性等问题，网络存储方案的市场占有率目前仍然受到了种种限制。

（二）元数据技术

近年来，元数据的概念在媒体内容的设计、创建、存储、管理、知识产权保护等领域不断出现，其研究与使用也在不断深入。元数据（metadata）是描述媒体文件背景、内容、结构及其整个管理过程，并可为计算机及其网络系统自动辨析、分解、提取和分析归纳数据，是一种关于媒体信息对象的结构化描述。简言之，元数据是关于数据的数据。其中，信息对象即各种数字媒体文件，如电子书、期刊文章、Word 文稿、学生注册信息、图片、视频录像、网络课程等。

一般情况下，我们所指的结构化描述，就是按照一定的规则，对上述的对象进行具体说明。很多时候，元数据的历史能够追溯到图书馆、档案室、博物馆的卡片式文件管理系统当中。在以前的卡片式文件管理系统中，人们会通过标准大小的纸张卡片对书籍或卷宗的各类信息进行标注记录，由此就能够在使用的时候更好地进行查找定位。元数据的管理思想与之十分相似，伴随着网络技术与数字媒体技术的飞速发展，元数据逐渐得到了大规模的应用。

元数据按照其本身的描述方法和结构内容，可以分为描述性、结构性和管理性三种类型。描述性元数据通过给出媒体文件的标题、作者、访问条件、访问位置等内容完成媒体资源的定位、查找等操作。这种元数据对实现系统之间的相互操作性非常有用；结构性元数据用以信息对象的快速浏览，它可给出媒体内容的章节、图示、视频段落等，因而对媒体资产特定结构的识别与访问具有很大帮助。随着计算能力的增强，结构性元数据信息可以用来实现媒体内容的自动查找、关联等操作；管理性元数据用以支持媒体资产的短期或长期管理，其内容包括媒体资产的数据格式、压缩率、认证与安全、维护等相关说明。管理性元数据可以用来对媒体资产整个生命周期内的使用、功能、历史、产权保护等进行具体说明。

元数据在媒体资产管理系统中的作用是至关重要的。正是因为元数据的存在，资产管理系统才能够实现一系列的目标，如完成媒体资产在员工或用户之间的分发与有效使用；实现媒体资产的可靠存储与访问；通过数字签名、公钥加密系统确保数字内容的认证；控制媒体资产的授权访问；保护数字版权；维护数字资产在信息技术快速发展的形势下的生命周期等。

另外，以上关于元数据的分类只是一个相对的划分，其结构内容往往存在一定的交叉，并且由于元数据技术标准的不断演进，元数据类型及其结构也会不断发生变化。

（三）工作流技术

工作流技术最初是作为 20 世纪 70 年代中期办公自动化领域的研究成果出现的，由于当年的计算机并未得到普及，网络技术水平也很低，相关的理论知识比较匮乏，这项新技术并没有得到成功的应用。但是在 1983 年至 1985 年间，在图像处理领域与电子邮件领域还是出现了具有工作流特征的商用系统。

20 世纪 90 年代，随着计算机的普及与网络技术的飞速发展，工作流技术得到了充分的研究、开发与利用。在1993年8月，工作流技术标准化的工业组织成立了，即工作流管理联盟。在1994年，该联盟发布了首个使用于工作流管理系统中的工作流参考模型，并在之后制定了一系列的工业标准。直到进入21世纪，人们逐渐认可了工作流技术，并为该项技术添砖加瓦，不断发挥其应用价值。

工作流就是指一系列相互衔接与自动进行的服务活动或者任务。一个工作流包含着一组任务以及它们之间的相互顺序关系，还包含着相应的流程以及任务的启动与终止条件，并且还对每一个任务进行了相应的描述。工作流管理系统的最终目的是为了更好地对信息与人力资源进行规划与分配，从而更好地实现服务目标。

媒体资产管理系统通过集成工作流技术，使得资产的创建、审计、编目、存档等操作能够在公司组织内部按照一种结构化的流程协作进行，因而可以大大提高工作效率，改善工作质量。

（四）媒体资产的控制与安全

从媒体资产的知识产权保护与安全性考虑，数字媒体资产管理系统中引入控制与安全策略是十分必要的。控制与安全策略的实施对于特定的用户或群组来说并不困难，然而对于那种基于Web的媒体资产管理解决方案来说，要在全球范围内对所管理的媒体资产进行安全保护却是相当困难的。在这种情形下，数字媒体资产管理系统不仅需要考虑本地的认证与授权策略，还应了解公钥（公开密钥体系）这样的信息安全基础设施，控制与安全措施有效保护了数字媒体资产。但是，对于一些敏感或要求产权保护的数字媒体资产而言，仅用这种管理方案是不可接受的，因此，现有信息安全技术中的各种加密技术、许可证策略、数字签名技术、数字指纹技术、数字水印技术等均应成为现代数字媒体资产管理系统中的重要技术因素。

（五）查找与显示

在数字媒体资产管理中，有一项基本功能就是数字媒体资产的访问与查找，对于数字媒体资产管理系统来说，用户可以快捷地进行查找，以及能够直观地反映给用户想要的结果是最基本的要求。通常情况下，媒体资产的检索对象有文本、图形、图像、音频、通话等各种各样的媒体内容。为了能够提供给用户便捷且精准的检索体验，就需要良好的数据库技术作为支撑，但是，随着时代的发展，媒体的内容逐渐变得多样且复杂，这时，传统的关系型数据库技术就已经没有用武之地了。由此，人们逐渐研究出了更适合的检索方法，使之更适用于现阶段数字媒体的数据特点，比如根据对象内容进行相应的数据检索。

检索结果的显示是数字媒体对象操作的另一个问题，在这之中，用户能够使用相似于视窗资源管理器的文件显示方式，甚至还能使用各种缩略图显示方式。对于用户来说，使用缩略图的形式显示所需要观看的图片、动画等更容易接受。

数字媒体资产管理是一项系统性解决方案，涉及的技术有很多。以上主要从资产管理系统方案设计的几个重要层面做了简要介绍，即数字媒体资产管理系统的设计应该以存储、元数据技术、工作流技术为核心。除了上面介绍的内容外，较为重要的还有数据采集技术、传输技术、编码技术等，它们对于以音、视频广播服务为主要内容的系统尤为重要。

第四章 数字媒体传输、传播技术

数字媒体技术是为实现信息社会的便捷、畅通、丰富的信息交流服务的，因此，数字媒体信息的传播、传输是数字媒体技术与应用的关键。本章节共包括三节内容，分别是数字媒体输入的技术、数字媒体输出的技术和数字媒体传播的技术。

第一节 数字媒体输入的技术

一、触摸输入技术

触摸输入属于一种新型输入技术，其通过对显示器进行触摸来输入数据。触摸输入可以对如数字转换器、鼠标器、滚球、操纵杆、光笔、键盘等数据输入设备加以取代，也可以对薄膜开关、分立开关之类的面板操作装置进行取代。触摸输入有着强大的优势，既能够与显示器制成一体，还能与一切电子显示器相配适，有着非常快的输入速度，使用灵活、操作方便、人机交互性很好。

（一）红外式触摸输入技术

触摸输入屏相邻的两条边，各放置一排红外发光二极管；而另外两条边，则各放置一排红外光电检测器。当针或者手指对红外光进行遮挡时，光电检测器就会产生信号，对该处的 XY 坐标进行表示。发光二极管的数量决定了这种触摸输入方法所产生的分辨率。

美国 ITW Entrex 公司有着与众不同的红外式触摸输入屏。红外发光二极管被安装在该触摸输入屏的一角的电机上，当电机转动时，触摸输入屏便被红外光线在 90° 范围内连续扫描。框架底部装有反射镜，其余两边则装着逆向反射体，这样反射光与入射光基本都能从同一光路通过，发光二极管发出的红外光反射在与光源相靠近的一个光敏元件上。输入屏被针或者手指触摸时，只需一次扫描就能将两次红外光遮住。被遮住的两个角构成一个三角形，而通过这个三角形，控制电路能算出触摸坐标。红外式触摸输入技术具有如下优点：不会对显示器的清晰度造成影响，能够可靠地进行工作。泰克公司正是看中这些优点，才对这一技术进行选用。

（二）电容式触摸输入技术

电容式触摸输入，是指将一层电容性薄膜分别喷涂在一块玻璃板的上下两面（这里所说的电容性薄膜，就是二氧化硅电容膜和氧化铟锡电阻膜）。玻璃板的四个角分别装有一个振荡器，电极被装在触摸输入屏的四周，借助 4 个电极，能够让整个触摸输入屏都流遍交流信号。触摸输入屏的任何一部分被电笔或者手指触摸时，就会改变阻抗，继而改变四个振荡器的频率以及振幅。通过控制电路，我们能够对振荡器不同频率、振幅的改变量进行检测，在主机内送入触摸的衰减器号码，就可以对被触摸部位的 X 和 Y 坐标进行计算。在对 32 个衰减器结构进行采用时，我们可以在 10 个状态衰减器的顶部配置 11 行 2 列的衰减器。我们可以将 75 个衰减器配置给便携式液晶平板显示器的触摸输入屏。

电容式触摸输入屏的安装十分简单，其有着 1024 × 1024 点的分辨率。不过，电容式触摸输入屏也有一些缺点，比如，操作时不宜戴手套进行，有着较窄的工作温度范围等。所以，部分工业部门不太适合使用电容式触摸输入屏。此外，由于信号电平很低，为了避免显示器外部机电信号、内部电路的干扰，必须对屏面进行屏蔽。基于此，等离子体显示器不能使用电容式触摸输入屏。同时，我们必须在显示器的前方放置触摸玻璃屏，这也使得显示器的清晰度被降低。

（三）电阻式触摸输入技术

电阻膜式触摸输入类似于电容式触摸输入，其同样对层状结构进行采用，同时在 CRT 或者平板显示器的屏面上粘接触摸输入屏（或对其进行紧固）。不同的厂家所采用的技术有所差异，对触摸部位进行检测的方法也有所不同。电阻膜式触摸输入屏外层采用聚酯薄膜，里层则采用被处理过表面的塑料屏或者玻璃屏，通过按下手指就能对触摸部位进行检测。其在里层与外层之间，层状地夹入透明电阻膜，同时对有着数密耳厚的透明塑料衬垫进行使用，将透明电阻膜隔开（1密耳 =0.0254mm）。细长电极被装在触摸输入屏四角处，将电压以 150 次 / 秒的速度加至里层的 X 轴，随后再加至 Y 轴。当人们用手指进行触摸时，里层接触到外层，电压便与触摸部位成正比的降低，因此，能够对触摸部位的电压进行检测。这里要注意的是，我们无须考虑触摸体是否能够导电，可以通过在四周电极设置的二极管隔开 Y 轴与 X 轴。

在对分立二极管进行使用时，需要花费一定的成本，美国伊洛电子设备公司为降低该成本，采用了新方法，即以丝网印刷分压用的厚膜电路替代二极管，同时将电极设置在相邻于触摸输入屏的两角，剩余两角接地。不过，如此一来，触摸输入屏上的电压梯度就不再表现为“线性”，而是表现为双曲线状。为了重新让其表现为线性，还需从电极形状上多想办法。使其电极的各边都与各个厚膜电路相接。

触摸输入技术经过了多年的积累，目前在各类智能设备上广泛运用，如智能手机、平板电脑、各种可穿戴设备、汽车中控系统以及各类身份识别系统等，均搭载有触摸装置。随着触摸输入终端设备的多样化发展，以及用户日益增长的体验需求，给触摸输入技术也带来了新的机遇和挑战。

二、体感输入技术

作为计算机人体识别技术的代表性产物，体感技术使人们在操作计算机时，不必再使用各种输入设备（如鼠标、键盘等）。结合周围环境，辅以特殊算法，人们就能够通过对自己身体动作的控制直接对计算机进行操作。体感输入技术从体感方式、原理角度出发，可被划分为光学感测、惯性感测、惯性及光学联合感测。

近几年，由于计算机技术的进步，使得我们可以在非常小的设备上集成非常强大的运算能力。如 Intel 公司于 2014 年推出的爱迪生开发板，计算能力相当于几年前的奔腾电脑，但是大小和体积只相当于一张 SD 卡。这使我们可以在便携设备上使用原来只能在计算机上运行才能保证性能的复杂算法，如各种最优估计滤波器、神经网络、模糊控制等，从而使得便携设备可以实现很多原来无法实现的功能，将更多的任务分担给软件来实现，硬件的设计就越来越简化。

同时，传感器技术也在进步，有越来越多的微机电传感器达到甚至超过了老式传感器的性能。例如，美国军方研制的电子隧道陀螺仪，其性能甚至超过了激光陀螺仪。现在单芯片三轴加速度计与单芯片三轴陀螺仪已经非常廉价了。各种声、光、电、化学传感器都被做成模块拥有独立的数字通讯接口，可以非常方便地与控制器连接并使用。

伴随着不断提高的生活环境智能化程度，人们也对人机交互设备提出了越来越高的要求。传统的输入对新的智能技术愈发难以适应，因而近年来，涌现出了多种多样的新型体感输入设备。

在国外，当前有 leap motion、Wii、PS Move、Kinect 等体感设备，其中，2009 年微软发布的 XBOX360 体感周边外设是 Kinect。其不再囿于游戏的单一操作，使得人机交互理念得到全新突破。设备既采用了麦克风输入，也使用了 3D 体感摄影机，将二者结合于一体，具有收集语音、识别影像、侦测动作等功能，且这些功能能够同时进行。

第二节　数字媒体输出的技术

一、数字媒体电视终端技术

电视作为一种传统的大众媒体有着非常广泛的受众群体，随着数字技术的发展与介入，其逐步演变成数字新媒体中不可或缺的数字电视服务平台。数字电视是一项全新的电视服务，是一种新型的传播方式，是数字技术在电视领域发展的必然结果。目前，用户可以通过数字电视机顶盒，收看数字电视系统播出的数字电视节目，比如数字有线电视、数字电视卫星直播等。

从产品类型角度来看，我们可以将数字电视终端划分为一体化数字电视接收机、数字电视机顶盒、数字电视显示器；从清晰度来看，我们可以将数字电视终端划分为高清晰度数字电视（HDTV）、标准清晰度数字电视以及低清晰度数字电视；从显示屏幕幅型角度看，我们可以将数字电视终端划分为 16：9 幅型比与 4：3 幅型比两种类型；从扫描线数（显示格式）角度看，我们可以将数字电视终端划分为 SDTV 扫描线数（600～800 线）、HDTV 扫描线数（大于 1000 线）等。

数字电视带来的变化是电视节目更加清晰亮丽，画面更加细腻、逼真，音质更好；节目内容更加丰富，消费者可享受各种特色和个性化的节目；个性化节目和特色服务频道日益丰富；消费方式和习惯发生重大改变，变被动收看为交互收看和主动收看；数字电视机功能日渐强大，计算机和电视的界限进一步模糊。

（一）数字媒体电视机顶盒技术

机顶盒技术发展至今，经历了从模拟式到数字式，从广播式到交互式的变迁。首先，机顶盒是从模拟电视转向数字电视的桥梁；其次，机顶盒是实现交互功能的关键设备，充分利用宽带网络实现交互功能是重要的发展方向；最后，机顶盒是电视接入互联网的重要工具。

机顶盒是一种信息设备，以电视机为用户终端，以信息网络或电视网络为传输平台，旨在对电视机功能进行扩展与增强。当前人们所说的“机顶盒”，通常来说指的是“数字电视机顶盒”。现如今，数字电视机顶盒属于嵌入式计算机设备，实时操作系统十分完善，能发挥出强大的CPU计算能力，可以对机顶盒各部分硬件进行控制协调，还能提供操作便捷、简单的图形用户界面。数字电视机顶盒几乎能够对全部的广播和交互式数字新媒体应用予以支持，如远程教育、IP电话、软件在线升级、网上购物、互联网浏览、电子邮件收发、电子节目指南、信息点播、媒体节目、电视节目数字加密、普通电视节目收看等。

从传输媒介角度出发，我们可以将数字电视机顶盒划分为地面数字电视机顶盒、有线数字电视机顶盒、卫星数字电视机顶盒。它们在硬件结构上有所区分，主要表现在信道的解调和解码部分。现如今，有线数字电视机顶盒和卫星数字电视机顶盒在生活中有着较为广泛的应用。

对数字电视信号进行接收以及对数字电视标准（如MPEG-4、MPEG-2等）的数字音/视频信号进行处理，将其转化为能被对应电视机接收的信号，是数字电视机顶盒的两项基本功能。完整的数字机顶盒应当具有软件系统与硬件平台，从顶层向底层分别为应用软件、中间件、底层软件、硬件。应用软件囊括可下载的应用以及本机存储的应用；中间件用来分隔依赖硬件的底层软件以及应用软件，从而让应用不再对具体的硬件平台产生依赖；底层软件提供了各种硬件驱动程序以及操作系统；硬件则提供了机顶盒的硬件平台。

数字电视机顶盒硬件部分采用了模块化的设计方式，通常来说可以分为五个模块，分别是接收前端模块、主模块、调制解调器模块、音视频模块以及外围接口模块。接收前端模块囊括解调器与调谐器，负责将数字音 / 视频传输流从传输信号中解调出来。整个数字电视机顶盒以主模块为核心部分，解码部分能够针对传输流进行解扰、解复用、解码等操作，嵌入式 CPU 和存储器能对软件系统进行存储与运行，同时控制各个模块；调制解调器模块的构成分为媒体访问控制模块、上行调制器、下行解调器和双向调谐器，能够实现调制解调的所有功能；音 / 视频输出模块对音视频信号进行 D/A 转换，使其成为对应的数字电视输出信号，或将其还原为模拟音视频信号，输出于对应的电视机；外围接口模块提供了丰富的外部接口，如通用串行接口 USB、高速串行接口 1394 等。

硬件负责实现音视频的解码，软件负责实现机顶盒与互联网的接入以及与个人计算机的互联。伴随广播的数字化，软件技术在数字电视机顶盒技术中所占位置愈发重要。数字电视机顶盒软件主要有硬件设备驱动程序、实时操作系统、系统移植接口、中间件以及应用软件等。硬件设备驱动程序主要提供了硬件设备的驱动功能；机顶盒软件运行的平台，就是嵌入式实时操作系统，主要将多任务的运行环境提供给上层软件，对任务间的调度予以完成，对任务间的通信加以实现；通常来说，在操作系统与硬件驱动层之上，机顶盒都会定义一层系统移植或硬件接口，为应用软件和中间件的移植提供方便条件，为它们能够顺畅运行于不同操作系统、硬件平台提供保障；所谓中间件，就是建立于硬件平台、操作系统、应用软件之间的中间层软件，其能定义一组较为标准的、完整的应用程序结构，使应用程序在硬件平台、操作系统之外能够独立存在；应用软件就是能够对机顶盒功能进行完善的上层软件。

个人视频录像机（PVR）的特点十分鲜明，其存储媒介为硬盘，能够将巨大的节目存储库以及本地的海量缓冲区建立起来，同时对数字处理技术进行利用，切实管理、控制节目。PVR 机顶盒便是在数字电视机顶盒与 PVR 技术的结合之下诞生的，它给用户带来内容互动以及数字视频录放的功能，其特色显著、市场前景广阔。PVR 机顶盒完美地结合了硬盘录像技术与数字电视技术，既将录像功能加入机顶盒，又对边看边录技术、智能录像技术以及时移技术等进行运用，将观看电视的全新方式展示给观众。PVR 机顶盒在数字电视网络中的应用，带来了电视生活的新概念，能够极大地促进数字电视业务的开展。存储技术、PVR 技术与机顶盒的结合，将成为数字电视机顶盒的一种发展方向。

（二）显示技术

显示设备是数字媒体信息、特别是图像与视频信息最主要的输出设备之一，并且是数字媒体信息交互的主要渠道。显示器已从阴极射线管（CRT）发展到了今天以平板显示器（FPD）为显示技术应用领域的主流。CRT 具有亮度高、对比度好、聚焦精确、分辨率高和色彩鲜艳丰富等优点，但缺点是体积大、厚且笨重。平板显示技术包括液晶显示器（LCD）和等离子显示器（PDP）等，特点是显示器薄、不反光、无辐射、重量轻等，缺点是分辨率较低、色彩不够鲜艳、价格较高。但随着技术的发展，平板显示器的性能在飞速提高，成本不断下降，已经逐步随着 LCD 显示技术快速发展起来，其亮度、对比度和响应时间等性能也得到不断提升，以及在超大尺寸显示面积上也有了突破，LCD 逐步成为显示器领域的主导技术。

显示技术今后的发展方向主要在于屏幕将越来越大，不但会有整个墙面式的显示，还会追求理想的半圆形全视角显示器、自发光平板显示技术、柔性显示器、三维显示技术等。

高亮度发光二极管（LED）大屏幕图像显示系统是集光电技术、音视频技术和计算机控制技术等于一体的高科技产品，具有图像色彩鲜艳、亮度高、寿命长、视角大、视距远、显示面积没有限制、适合于室内和室外安装等特点，现已广泛应用于娱乐、会展、广播电视以及信息发布等领域。

自发光平板显示技术是新一代平板显示技术，包括表面传导电子发射显示器（SED）和有机电致发光显示（OLED）等。SED 属于自发光器件，不存在可视角不够和响应时间过长的问题，发光完全可控，黑色表现力大大提高，能耗只相当于液晶的 1/2，可以达到优于 PDP 和 LCD 的色彩饱和度及锐利的图像，可采用印刷工艺生产，成本可以做到大大低于 PDP 和 LCD。OLED 在厚度、视角、亮度、反应速度以及成本等方面都优于目前的液晶显示，在移动电话、手提电脑、仪表等方面将有广泛的应用前景。

电子纸是一种超薄、超轻的显示屏，表面看起来与普通纸张十分相似，可以像报纸一样被折叠卷起。目前，电子纸技术尚未完全成熟，无法显示彩色与成本高昂是亟待解决的问题。

近年来，三维图像的显示技术已经取得了突破性进展，在数字媒体领域，尤其在虚拟现实技术中得到了广泛的应用，目前，最新的显示技术已经能够实现真三维的立体显示。真三维显示技术是基于二维像素点显示技术而开发出来的，主要有立体镜技术和自动立体镜显示等。立体镜技术一般是通过佩戴专用的眼镜、显示头盔等辅助设备，运用视差效果来实现三维效果，没有物理景深，且不能同时满足多人同时观察和即时交互；自动立体镜显示是另一类立体显示技术，原理与立体镜类似，但不需要特殊的眼镜，观察者在显示器前观看两眼便可接收到不同的景象，从而产生立体感觉。这种系统的缺点是，景象范围有限，多人同时观察时不方便。

真三维显示技术，就是将图像构造于真三维空间，也就是说三维物理空间中的真实位置中有着被显示图像的三维像素点，在三维显示系统中，能够对被显示图像的相对空间位置关系、色彩、亮度等进行真实体现，最终对真正意义上的三维空间图像进行组合。观看者能够变换观察位置，从而通过不同角度对被显示图像的不同侧面进行观看；此外，多名观看者可以同时从不同角度对同一被显示的三维物体进行观察，就像对真实存在的三维物体进行观察一般。静态体和扫描体显示技术等是实现真三维显示的主要技术。在实用领域中，人们已经对（Depth Cube）静态体显示器以及（Perspecta）扫描体立体显示器等进行了使用。通过真三维显示技术，具有真实物理深度的图像得以诞生，而虚拟环境中的显示技术、多通道交互信息融合技术、科学可视化以及科学分析也会因此迎来革命性的进步。尤其是通过真三维显示技术，观察者能够直接从任意方向 360° 地对场景进行观察，而无需借助任何辅助设备。对于信息显示技术来说，真三维显示技术可谓是质的飞跃。

二、数字媒体手机移动终端技术

随着数字新媒体和移动服务平台的迅速壮大，特别是移动数字新媒体独特的信息获取与交流的优势，使得近年来手持移动数字终端发展势头凶猛，新品不断涌现，升级换代迅速，功能融合加速，已经成为获得信息和媒体服务的重要途径。

手机最初只是移动通信系统中的便携的、可以在较大范围内移动的电话终端。第一代手机（1G）是模拟手机，俗称“大哥大”。在当时，模拟调制技术必须有硕大的天线，加上集成电路发展状况的制约以及电池容量的限制，这种手机有着四四方方的外表，尽管其能够移动，却根本谈不上“便携”。其实，“大哥大”就像无线电双工电台的简单版，其通话锁定在一定频率下，因此，借助可调频电台便能对通话进行窃听；第二代手机（2G）属于数字手机，使用了CDMA、GSM等成熟度很高的网络制式，具有待机时间合适、通话质量稳定的特点。为适应数据通信需求，第二代手机也支持部分中间标准，如各类Java程序、上网业务的WAP服务、彩信业务的GPRS等；第三代手机（3G）属于新一代多媒体数字手机，它结合了移动通信和国际互联网等多媒体通信，能够对多种多媒体形式进行处理，如视频流、音乐、图像等。此外，第三代手机提供的服务也更为丰富，涵盖电子商务、电话会议、网页浏览等。从近几年高端手机在硬件技术应用及功能上的发展可见，手机技术在声音、显示屏、计算能力、存储容量与方式、拍照和摄录及增值业务支持等方面的性能与质量逐年大幅度提升。

随着无线技术和移动数字媒体技术的发展，各种新型的媒体服务形式不断涌现，媒体服务也迅速向无线和移动平台移植，手机不再只是移动通信系统中的电话终端，各种新的功能和新的服务不断被融合到手机中，比如，媒体播放、手机上网、手机电视和手机游戏等。

因此，手机这种数字终端在数字新媒体中居于重要位置，是必不可少的。在发展过程中，手机将更加注重数据通信与安全，既对保护个人隐私方面予以强化，又对研发数据业务方面予以注重，同时，还会引入更多、更丰富的多媒体功能。手机将会具有更加强劲的运算能力，成为个人的信息终端。手机的智能化、微型化、安全化、多功能化和个性化将是手机技术发展的必然趋势。

个人数字助理（PDA）这种手持数字设备集中了多种功能，如网络、传真、电话、计算等。PDA与传统电脑相比，具有可移动性强、小巧、轻便等特点，更兼具强大的功能。当然，PDA也存在一些缺陷，如有限的电池续航能力、过小的屏幕等。一般来说，手写笔是PDA的输入设备，而其外部存储介质则是存储卡。从无线传输角度来看，PDA大多有蓝牙接口、红外接口，能对无线传输的便利性提供保障。很多PDA还有GPS全球卫星定位系统以及Wi-Fi连接。PDA不仅可以用来管理个人信息（如通讯录、计划等），更重要的是可以通过无线方式上网浏览、收发电子邮件，可以发传真，甚至还可以当作手机来用。随着微电子技术的发展，PDA 已经从原来简单意义上的个人数字助理，变成了人们一时也不能离开的随身工具，逐渐渗透到人们日常工作生活的方方面面，通过其强大的功能和便携的体积重量改变着人们的工作与生活娱乐方式。

PDA 根据其应用的功能可以细分为电子词典、掌上计算机、手持计算机设备和个人通信助理机四大类。随着技术和市场的发展，PDA 在功能上的融合已经成为一种趋势，同时 PDA 也已经与其他手持数字终端融合，如智能手机几乎已经具备了 PDA 的全部功能，而新一代的媒体播放器 MP4 也融入了 PDA 的功能，它们之间的界限越来越模糊。

现如今，PDA 已并非简单的个人数字助理设备，人们也不再单纯将其作为通讯录、计算器、闹钟、记事本使用，而是明确其为数据交换产品、无线网络接入设备，有着非常强大的功能。虽然 PDA 有着较小的屏幕，不过其可以通过 GPRS 无线上网、Wi-Fi 无线上网、使用蓝牙对等网、USB 接口共享上网等与互联网相接，让人们无论身处何时、何地，都能对网络带来的便利与乐趣尽情享受。除了工作能力十分强大之外，PDA 也具有数字媒体游戏、娱乐功能，并且这也是其自身发展的一个重要方向。在 PDA 真彩触控显示屏上，用户能够观看整部流媒体电影，且能够享受电影清晰的画质、流畅的播放；用户还能通过 PDA 聆听 mp3 音乐，且音乐有着很高的音质；此外，使用八方向按键则允许用户在 PDA 上玩 3D 游戏，通过外接或内置的摄像头和收音卡，PDA 则又变成了收音机和数码相机或者摄像机，从而实现了一机多能的功能。同时，PDA 魅力还在于其丰富的应用软件，包括中文汉化、文字处理软件、电子书浏览、看图软件、抓图软件、字典软件、信息理财管理软件、媒体播放软件以及游戏软件等，PDA 为个人事务管理、信息交流、娱乐休闲、人际交往提供了一种更快捷、更方便、更有效的工具。

目前，主流的 PDA 多采用 Palm OS 系列、Windows CE（Pocket PC）系列和 EPOC OS（Symbian）等操作系统。根据操作系统的不同，不同 PDA 产品有着各自不同的优势和特点，但纵观目前的 PDA 产品技术情况，可以发现 PDA 在操作系统、通信连接、多媒体娱乐、功能扩展方面的能力，以及在安全性、便携性、续航时间等方面的发展有着共同的特点。操作系统越来越人性化，各厂商不遗余力地发展和升级操作系统，使PDA的使用和操作越来越简单。通讯能力越来越强大，使得PDA又扩展了各种应用技术，如GPS卫星定位技术、GPRS（CDMA1X）技术、Wi-Fi技术、蓝牙技术等。多媒体娱乐功能越来越丰富，性能上已经直逼低端的个人计算机；PDA的扩展性与兼容性越来越强劲，已经支持多扩展卡连接存储卡、微型硬盘、调制解调器、网络卡、无线网络卡、蓝牙卡、数码相机、GPS、GPRS/GSM电话卡、FM调频收听卡等各种扩展设备；数据管理越来越安全，比如，掉电数据保护和数据自动备份技术，采用指纹识别技术保证数据的保密性，使用具有加密算法的GPRS和蓝牙无线通信技术等；续航时间越来越长，体积重量越来越轻便，比如，配合高容量的可充电锂电池，许多Pocket PC的使用时间已经可以超过19个小时，而一些Palm更是可以拥有长达半个月的待机使用时间。同时，PDA轻巧而便于携带的特点也发挥到了极致，能够被用户轻松地放入上衣口袋之中，它具备了手机、游戏机、GPS、多媒体播放器、MP3、数码相机、移动硬盘以及网络连接设备的多种功能。

第三节　数字媒体传播的技术

人类社会是建立在信息交流基础之上的，信息传播是推动人类社会文明、进步与发展的巨大动力。数字媒体传播技术为数字媒体所包含的丰富又多彩的信息提供了传递与交流的平台，是数字媒体技术至关重要的组成部分，是信息时代的生命线。

数字传播技术融合了现代通信技术与计算机网络技术，为数字时代的信息交流提供了更为快捷、便利以及有效的传播手段。

一、数字媒体传播技术的基础

（一）传播系统与传播方式

信息的传播需要以固有的数学模式为基础。美国贝尔实验室的香农（Claude Shannon）提出了这一模式。最初，香农由于自身的工作背景，兴趣只集中在传播技术方面。后来，他与韦弗（Warren Weaver）共同合作研究，从而让固有的数学模式广泛应用于其他传播问题。之后，以此为基础，研究人员将更多的传播模式开发出来。所以，通常人们认为，众多传播过程模式是以固有的数学模式为基础的。

1. 传播系统

在香农－韦弗模式中，传播系统是传递信息所需要的一切技术设备的总和。在该模式中，人们用“线性的单向过程”对传播进行描述，包括六大因素，即噪声、信息接收者、接收器、信道、发射器、信息源。接收器和发射器的功能为编码、译码。在传递信号时，部分噪声来源也会对其产生作用。噪声不是信源有意传送而附加在信号上面的任何东西，它指的是一切传播者意图以外的、对正常信息传递的干扰。构成噪声的原因既可能是机器本身的故障，也可能是来自外界的干扰。“噪声”概念的引入，是这一模式的一大优点。

2. 传播方式

传播方式有许多种分类方法，较为常用的有以下三种：

（1）按照消息传递的方向与时间

传播方式按照消息传递的方向与时间可分为单工、半双工和全双工工作方式。单工是指消息只能单方向进行传播的工作方式，如广播、遥控等方式；半双工是指通信双方都能收发信息，但却无法同时进行收和发的工作方式，如工作在同一个频点的对讲机等；全双工是指通信双方可同时进行双向传输消息的工作方式，如电话等。

（2）按照数字信号排列的顺序

在数字系统中，按数字信号排列的顺序可分为串序传输和并序传输。串序传输是指代表消息的数字信号序列按时间顺序逐个在信道中传输的方式，如果将代表消息的数字信号序列分割成两路或两路以上的数字信号序列，并同时在信道中进行传输，则称为并序传输方式。一般的数字传播方式大多采用串序的传输方式，其只需占用一条通路。并序传输则需要占用两条以上的通路，例如，占用多条传输导线或多条频率分割的通路。

（3）按照传递方式

从传递方式来看，我们可以将传播方式划分为单播、组播、广播、P2P 等。单播，指的是仅仅将消息传递给一个受信者，其可以随意控制自己对内容的播放；

组播，也就是人们所说的“多播”，其提供了这样一种方法——将信息传送给一组指定受信者；广播，是最普遍的对信息进行多点传递的形式，其不对受信者进行限定，不过受信者只能对播放的内容进行选择，而无法对其加以控制；P2P，也就是消息的点对点传递。文件交换技术是P2P技术的诞生源头，不同计算机用户之间使用这种技术，无须通过中继设备，就能实现服务或数据的直接交互。P2P打破了传统的客户机/服务器模式，在对等网络中每个节点都有着相同的地位。P2P有着双重特性（服务器与客户端），因而能够同时扮演服务提供者与使用者的角色。P2P有着灵活多样的实现方式以及很高的扩展性。

（二）计算机网络基础

计算机网络是一种计算机系统，其通过通信线路，将多台计算机（功能独立、处于不同地理位置）及其外部设备连接起来，在网络通信协议、网络管理软件、网络操作系统的协调和管理下，传递信息、共享资源。更直观地说，它是由网络硬件（终端设备、通信设备、计算机设备等）以及软件所构成的大型计算机系统。在计算机技术与现代通信技术结合后，计算机网络便就此诞生。通信网络将必要的手段提供给计算机之间的数据交换与传递，相应地，数字计算技术的发展在通信技术中渗透，对通信网络的各种性能予以提升。

网络互联，就是采用一定方法，将两个及两个以上的计算机网络通过一种或多种通信处理设备相互连接，从而构成更大的网络系统，更为便捷地共享网络中的数据资源。网络互联有四种形式，包括广域网与广域网、局域网与广域网和局域网、局域网与广域网、局域网与局域网。无论是对不同网络协议进行运行的异型系统，还是同种类型的网络，都可以实现相互连接。一般情况下，网络之间的互联以TCP/IP协议为基础。

1. 计算机网络的组成

立足计算机技术的标准角度，计算机网络由网络硬件与软件构成的。计算机网络系统以网络硬件为基础，而想要使网络功能得以实现，网络软件（如网络协议软件、网络操作系统）则是必备的软环境。网络操作系统，就是以网络硬件为基础进行运行的，将网络系统安全服务、基本通信服务、共享资源管理服务及其他网络服务提供给网络用户的软件系统。对于网络来说，网络操作系统可谓是核心，缺乏它的支持，其他应用软件将无法运行。计算机在连入网络之后，需要通过网络协议实现彼此通信，而唯有运行具体的网络协议软件，并以此为支持，网络协议才能正常工作。

立足组成计算机网络的部件所具有的功能角度，其主要具有两类功能，即网络通信和资源共享。

其一，在计算机网络中，对网络通信功能进行实现的软件与设备的集合便是“网络的通信子网”，其主要承担着连接计算机的任务，需要实现数据间的交换和通信处理。网络的通信子网囊括通信控制软件、网络通信协议、网络连接设备、通信线路等，也就是说，通信子网对整个网络的数据通信部分负责。

其二，在计算机网络中，对资源共享进行实现的软件和设备的集合便是“资源子网”。资源子网承担的任务为全网应用的数据处理，将数据管理、数据存储、数据处理等服务提供给用户。也就是说，资源子网集合了各种网络资源。

立足计算机网络所覆盖的地理范围及规模角度对计算机网络进行分类，能够对类型各异的网络的技术特征予以更好的反映。因为网络采用不同的传输技术，覆盖不同的地理范围，所以网络服务功能与网络技术特点也有所不同。从覆盖地理范围的大小出发，我们能够对计算机网络进行如下划分：广域网、城域网、局域网（表 4-3-1）。

表 4-3-1　网络分类图

网络分类	分布距离	跨越地理范围	宽带
局域网	10m	房间	10Mbit/s—x Gbit/s
	200m	建筑物	
	2km	校园内	
城域网	100km	城市	64Mbit/s—x Gbit/s
广域网	1000km	国家、洲或洲际	64Mbit/s—624Gbit/s

如表 4-3-1 所示，广域网、城域网、局域网有其自身的传输速率范围。从中可以看出，传输速率随分布距离的增长而降低。通常来说，传输速率这一因素是十分重要、关键的，其对计算机网络硬件技术各方面都有着非常大的影响。例如，广域网往往采用点对点的通信技术，局域网往往采用广播式通信技术。在技术细

节、速率、距离的相互关系中，速率受距离影响，而技术细节又受速率影响。

2. 计算机网络体系结构

计算机网络的分层、各层协议以及层间接口的集合，便是网络体系结构。计算机网络不同，其体系结构也有所不同，同时各相邻层之间的接口、各层的功能、各层的内容、各层的名字以及层的数量都存在差异。然而，在任意网络中，每一层都是为了向它邻接的上层（即相邻高层）提供一定的服务而设置的。基于这种结构，网络体系结构就能做到与具体的物理实现无关，连接到网络中型号和性能各不相同的主机和终端，只要所遵循的协议相同，就可以实现互相通信和互相操作。

3.ISO/OSI 参考模型

国际标准化组织（ISO）为网络通信制订的协议就是开放系统互联参考模型（OSI/RM），一般情况下，人们也用“ISO/OSI 参考模型”对其进行称呼。ISO/OSI 参考模型以“服务、接口、分离协议这三个概念”为基本思想。服务对每一层功能进行了描述，接口对高层如何访问某层提供的服务进行了定义，而协议则是实现每一层功能的方法。OSI 模型对网络功能进行划分，将其分为物理层、数据链路层、网络层、传输层、会话层、表示层、应用层，共计七层。在体系结构中，底层协议将服务提供给与之相邻的高层协议，高层协议实际上是底层协议的用户。

（1）物理层保证在通信信道上传输原始比特。物理层协议规定了传输媒介本身及与其相连的机械和电气接口。这些接口和传输媒介必须保证发送和接收信号的一致性。

（2）数据链路层加强了物理层原始比特流的传输功能，使之对网络呈现出一条无差错链路。数据链路层把数据分装在不同的数据帧中发送，并处理接收端送回的确认帧。为了保证传输和接收的数据帧的正确性，数据链路层协议还须完成流量控制和差错处理的工作。

（3）网络层完成对通信子网的运行控制，主要负责选择从发送端传输数据包到达接收端的路由。

（4）在 OSI 网络体系结构中，传输层居于核心位置，其分开了高层应用与实际使用的通信子网，提供了接收端和发送端之间低成本、高可靠的数据传输。

（5）传输层提供了可靠的端到端通信服务，以供会话层使用。同时，会话层也会对在不同终端上建立的用户之间的会话联系以及被用户所需的部分附加功能进行增加。

（6）表示层承担的是表示、解释被传输数据的任务。

（7）应用层中涵盖的应用服务是被用户普遍所需的。

4.TCP/IP 参考模型

TCP/IP 协议是一组软件，能够将可互操作性服务与透明通信提供给互连的各类计算机。各类计算机操作系统和硬件普遍支持 TCP/IP 协议。其中，TCP 协议将端到端的通信和控制功能提供给应用程序，而 IP 协议则将一个统一的互联平台提供给各种不同的局域网或通信子网。

以 TCP/IP 协议为基础的网络体系，主要有如下四层结构：

（1）最低层为网络接口层，其组成于网络接入层与物理层，包括物理网协议与网络接口协议，主要承担的任务是发送、接收数据帧。

（2）网际层用于解决计算机到计算机之间的通信。

（3）传输层用于解决计算机程序到计算机程序之间的通信问题。

（4）应用层是最高层，应用程序通过该层访问网络。

5.IP 协议

IP 是互联网络协议的简称，位于 TCP/IP 模型的网络层中，与 OSI 模型的网络层相对应。IP 协议提供发送服务，即把数据从源端发送到目的端，对于因网络数据、链路故障等丢失或出错的数据包，IP 协议则无能为力，而且 IP 协议仅具有有限的报错功能，数据包的差错检测和回复由 TCP 来完成。

二、通信与网络技术

（一）光纤通信技术

光纤通信，指的是利用光导纤维对信号进行传输，从而传递信息的通信方式。在实践中，光纤通信系统并非对单根光纤进行使用，而是使用聚集众多光纤的光缆。其普遍采用了数字编码与强度调制—直接检测（IM–DD）通信系统。电端机复用 / 去复用处理用户的各种业务信号，并对高速数字电信号进行发送 / 接收；光端机变换电端机的信号，使之成为能携带定时的、适合光纤传输的线路码，

并变换光 / 电和电 / 光，以及进行光纤线路与光信号的耦合。光中继器采用了掺铒光纤放大器，旨在对光纤线路的损耗进行补偿；同时，也可以采用背靠背的光收、发信端机，将由数字信号再生单元构成的再生器配置系统对光中继器进行替代。

1.SDH 光纤系统

SDH 终端复用设备通过同步传送模块的结构规范，将各种业务信号码流组成 STM-N 成帧信号，也就是 SDH 信号码流。SDH 光缆线路系统是以 SDH 规范的速率在光缆上实现数字线路段的手段，其组成于再生器（如果需要）、光缆线路段以及线路终端。SDH 的速率系列为 40Gb/s、10Gb/s、2.5Gb/s、622Mb/s、155Mb/s 等。

SDH 传输有着大容量、高速率的特点，必须对生存性问题加以充分重视。想要对生存问题进行解决，就要对光纤线路这一设备的重要单元采用 1 : N 或 1+1 备份保护，并且对倒换网络路由进行保护。生存性网络以“自愈”为最突出的要求。自愈指的是对于某些局部失效，网络所具有的无须人为干预便能向替代路由自动倒换，重新对业务进行配置，让通信得以保持的能力。从网络功能结构角度对 SDH 的自愈保护方法进行划分，可以分为路径保护和子网连接保护两种。路径保护，指的是当工作路径的性能达不到某一指定水平或工作路径失效时，保护路径会对其进行代替。路径终端能够提供路径状态信息，保护终端能够提供保护路径状态的信息。在启动保护时，需要以上述两种信息为依据；子网连接保护（SNCP）指的是当工作子网达不到某一指定水平或工作子网失效时，保护子网连接将对工作子网连接进行代替。网络内的任何层都能应用子网连接保护，被保护的子网连接能够进一步由链路连接和低等级的子网连接级联而成。

2. 密集波分复用技术

现如今，在实验室对电时分复用技术进行利用时，已经能够对 40Gb/s（STM-256）SDH 系统进行实现，然而，想要往更高处迈进，显然是愈发困难的。密集波分复用技术（DWDM）即为超大容量光传输技术，通过对单根光纤的利用来传输多个波长。在 DWMD 系统中，波长与波长之间有着纳米级的间隔，如果进一步对波长间隔进行缩窄，其会变成光频分复用（OFDM）。在 DWDM 系统中，窄光谱高稳定度的激光器、DWDM 分波器 / 合波器、色散补偿器、光纤放大器都是关键器件。作为能够对光纤传输容量予以进一步提高的方法，DWDM既有着极大的传输容量，又能够对承载业务透明，也就是说，不同制式、不同速率、不同种类的信号，无须变换接口，便能分别对DWDM的一个波长进行利用，实现共同传输。所以，DWDM能够较为轻松地实现平稳升级，以需求为根据，对波道进行逐步增加，能够实现灵活组网，节省投资。

3. 全光网络

由传输节点和传输系统组成的分层网络就是传送网，其发展方向为电、光分层，最终实现高层全光网络和光联网（OTN）。

从光交换角度来看，在全光网络初期，从采用以电路交换为基础的光交换，逐渐发展向光标记交换，也就是在光域对类似多协议标记交换中（MPLS）所采用的技术，对光数据包的转发速度予以提升，从而对光器件响应速度较慢的问题加以解决。

从光传输角度来看，对光时分复用（OTDM）技术进行发展与研究。当电时分复用的速率已经与电子电路物理极限愈发接近之时，对光时分复用技术（OTDM）进行利用，复用多路光孤子，能够让光传输的容量更大。OTDM对锁模激光器产生充分频率超过100GHz的超窄光脉冲进行利用，将其作为系统时钟，利用光时钟脉冲对全光复用器和去复用器进行控制，对光脉冲的复用与去复用加以完成。光脉冲波形观测技术、光同步技术、全光复用/去复用技术、超窄光脉冲发生技术等都是为OTDM所需的基本技术。当前，上述技术尚不稳定、成熟，需要继续发展。

当速率超过10Gb/s时，最好采用ATM over DWDM或SDH over DWDM方案。伴随因特网的飞速发展，高速数据传输将向IP over DWDM方向发展，从而让IP网由业务层向光节点层贯穿，对SDH层和ATM层进行省略。例如，作为一种IP over DWDM技术，动态分组传输技术（DPT）借用了SDH帧格式，它的兼容性、灵活性都非常高，能够透明传输于SDH系统和DWDM设备上。

OTN的基础是DWDM的业务汇集能力以及光分组化与IP的一致性。OTN的数据业务层和光传输层都具有联网能力，能够对电子设备引起的节点瓶颈予以消除，同时让网络展现出透明性、可重构性以及可扩展性。

（二）接入网技术

当前，通信需求正由话音极快地转移向多媒体和宽带数据。全网宽带化、数字化正面临着“通信网到用户的‘最后一千米’”这一瓶颈问题。想要对该问题进行突破，就要对新的接入技术予以采用。

1. 接入方式

无线接入与有线接入是接入网的主要类型。其中，有线接入又有多种方式，如铜缆接入、光纤接入、混合接入等。

（1）铜缆接入

铜缆接入，就是利用已有的铜缆用户线，实现较高速率的业务接入。铜缆接入主要涉及非对称数字用户环路（ADSL）技术、高速数字用户环路（HSDL）技术、用户线对增容技术（Pair Gain）。上述接入技术都有着有限的带宽，其中有着较为广泛的应用的是 ADSL。

（2）光纤接入

光纤接入，就是从光接入节点到业务提供点，都采用对光纤传输系统，包括 SDH 接入系统、无源光网络（PON）、灵活接入系统（FAS）等。依照光接入节点的位置进行划分，可以分为光纤到办公室（FTTO）、光纤到大楼（FTTB）、光纤到小区（FTTZ）、光纤到路边（FTTC）、光纤到户（FTTH）等多种类型。SDH 接入系统能提供极宽的带宽，密切配合于骨干传输网、中继传输网，因而很适合大集团用户的专线接入。除 SDH 接入系统之外的光纤接入系统，虽然没有 SDH 接入系统那样宽的带宽，但也有着自身优势，如易于扩大覆盖、能够灵活组网等，适合有着多样化带宽要求的小区，适合多种用户。

（3）混合接入

混合接入就是利用光纤到大楼、路边，以 ADSL 或同轴线接入用户，也就是采用混合光纤 / 非对称数字用户线（ADSL）、混合光纤 / 同轴网（HFC）方式接入。

无线接入就是将无线传输媒介引入接入网的全部或部分，将固定和移动终端业务提供给用户。其包括移动无线接入和固定无线接入。

2. 主要的有线接入技术

接入网的发展方向是增加业务透明性、广覆盖、宽带化、分组化、SDH 化以及光纤化。现如今，主要的技术手段是利用开放的 V5 接口，从而让接入网在

PSTN/ISDN 交换机外保持独立状态；将 SDH 向接入层延伸；采用 xDSL，对现有铜线资源进行充分利用；通过 PON 对配线段和引入线光纤化予以实现，从而让接入成本向铜线趋近；通过对 HFC 加以利用，双向改造有线电视网；以 ATM 宽带和 PON 透明性优势互补的 APON 技术对接入带宽进行低成本拓展等。

（1）V5 接口

由 ITU-T 制订的用户接入网和交换机之间的开放式接口标准就是 V5。当前包含两种，分别为 V5.1、V5.2，能够对 ISDN、PSTN 等业务类型的接入提供支持。

（2）PON

PON 属于一点对多点的系统，是构成相应传输设备、分光器以及光纤的分配和传送光功率的网络。目前，全双工双向传输方式（一根光纤和分光器做上行、另一根光纤和分光器做下行）是最为常用的。传输于 PON 中的信号速率为 51.2Mb/s。

（3）xDSL

xDSL，包括非对称数字用户线（ADSL）和高比特率数字用户线（HDSL）。HDSL 这种新技术通过对铜线加以利用，完成了双向对称高速数据的传输，能够全双工地在 2～3 对双绞线上对 2Mb/s 或 N × 64kb/s 的数据信息进行传输，有着 3～5km 的传输距离。HDSL 对数字信号处理技术（如高速自适应数字滤波等）以及 2B1Q 编码技术进行了应用，对全部频段上的线路损耗加以均衡，对串音、杂音进行了消除，最终实现基群速率的宽带业务。ADSL 对一对双绞线进行了利用，并以上行、下行不同速率的方式，对双向传输进行了实现。上行通常仅为每秒几百兆，而下行速率可达 8Mb/s，适用于电视点播等业务使用。

（4）HFC

HFC 是一种宽带用户接入网，其基础为模拟频分复用技术，同时对射频技术、光纤和同轴电缆传输技术、模拟和数字传输技术进行综合运用。其主干系统通过使用光纤，实现了高质量的信号传输，配线部分则对树状拓扑结构的同轴电缆系统进行了使用，对用户信息进行了分配与传输。HFC 的发展以有线电视网络为基础，同时对交互型业务（如双向语音、数据、数字图像等）和下行 CATV 业务予以提供。

（三）数字蜂窝移动通信技术

最为广泛应用的移动通信系统是数字蜂窝移动通信系统，同时它也涉及最复杂的技术和最广的技术领域中。数字蜂窝移动电话系统由移动业务交换中心（MSC）、基地站（BS）、移动台（MS）及与市话网相连接的中继线等组成。移动业务交换中心完成了移动平台与移动平台之间、移动台与固定用户之间的信息交换转接和系统管理。基地站和移动台均由收发信机及列线、馈线组成。每个基地站都有移动的服务范围，称为无线小区。无线小区的大小由基地站发射功率和天线高度决定。通过基地站和移动业务交换中心就可以实现任意两个移动用户之间的通信；通过中继线与市话局的接续，可以实现移动用户与市话用户之间的通信。

移动通信系统经历了一代（1G）、二代（2G）、三代（3G），目前，已经普遍使用了四代（4G），五代（5G）也即将问世。

第四代移动通信及其技术以“4G”作为简称，其集 WLAN 和 3G 于一身，能对高质量视频、图像进行传输，有着不逊色于高清晰度电视的图像传输质量。4G 系统的下载速度能达到 100Mb/s，相较于拨号上网，速度足足快了 2000 倍，同时，其还有着能达到 20Mb/s 的上传速度。所有用户对无线服务所提出的要求，几乎都能被 4G 系统满足。用户往往对费用非常关心，从价格方面来看，4G 和固定宽带网络相差无几，并且其有着更为灵活机动的计费方式，用户能够从自身需求出发，对所需要的服务进行确定。除此之外，即便是有线电视调制解调器和 DSL 未覆盖的地方，也能部署 4G 系统，从而将其向整个地区进行扩展。显而易见，4G 所具有的优越性是无可比拟的。如果对于人类信息化的发展来说，2G、3G 通信所起到的作用尚是“微不足道”的，那么 4G 通信则有着十分重要的价值，其将真正的沟通自由带给人们，对人们的生活方式乃至社会形态都进行了彻底改变。

4G 手机能提供高性能的汇流媒体内容，同时借助 ID 应用程序，其还能“摇身一变”，成为鉴定个人身份的设备。此外，4G 手机能够对高分辨率的电视节目、电影进行接收，成为通信、广播合并的新基础设施中的一条纽带。相较于 3G，在无线即时连接等服务费用方面，4G 会更加便宜。同时，4G 能够对卫星通信、广播电视、蜂窝信号、室内网络（如无线局域网、蓝牙）等不同模式的无线通信进行集成，移动用户能够从一个标准自由地向另一个标准漫游。

不过，4G 通信技术并不是与过去的通信技术彻底分离，而是以其为根基，对一些新的通信技术加以利用，从而对无线通信的功能与网络效率予以提升。假如，3G 能将一个高速传输的无线通信环境提供给人们，那么 4G 通信则是一种超级信息高速公路（且无须电缆），是一种超高速无线网络，能够让电话用户以无线及三维空间虚拟实境连线。

我们可以将 4G 移动系统网络结构划分为应用网络层、中间环境层和物理网络层。其中，物理网络层对路由选择功能和接入功能予以提供，其完成于无线和核心网的结合模式；中间环境层有完全性管理、地址变换和 QoS 映射等功能；中间环境层与物理网络层及其应用环境之间有着开放的接口，让它的发展变得更加容易，让它对新应用与新服务的提供变得更为轻松。这一服务能与多模终端能力、多个无线标准自行适应，跨越多个运营商与服务，对大范围服务进行提供。4G 移动通信系统有着如下关键技术：光接口系统管理资源软件无线电、网络结构协议和低成本、大容量的无线电接口；低成本、小型化、高性能的自适应阵列智能天线；有着很强抗干扰性的高速接入技术、调制和信息传输技术；信道传输等。4G 移动通信系统的技术核心主要是正交频分复用（OFDM）。OFDM 技术有着如下特点：第一，拥有高度可扩展的网络结构；第二，拥有抗多信道干扰能力，抗噪声性能良好；第三，能够提供更高质量（更小时延、更高速率）的无线数据技术服务，且性价比更高，能将更好的方案提供给 4G 无线网。

2013 年 12 月 4 日，根据工信部的公告，我国发放了 4G 牌照，三家运营商同步获得首批 4G 牌照，4G 牌照统一为 TD-LTE 制式。TD-LTE 是我国自主研发的 4G 标准，是由 TD-SCDMA（3G 网络）发展而来。FDD-LTE 是现在国际上使用最广泛的 4G 网络。现在全球有超过 200 个 LTE 的商用网络，其中超过 90% 是 FDD-LTE 的商用网络。从技术上说，TD-LTE 采用的是时分双工，而 FDD-LTE 采用的是频分双工。

频分双工就是将信息上传和信息下载放在两个不同的频段，称为上行频段和下行频段，且这两个频段必须对称。为了防止上下行频段之间的信息串频，两个频段不能重叠，而且中间必须隔开一段，称为保护频。

时分双工就是将信息上传和下载放在同一个频段，也就是上行频段和下行频段完全一样。那么它是如何做到上下的信息不串频呢？其实很简单，顾名思义，频分双工分的是频段，那时分双工分的就是时间。将波传播的时间轴一分为二，前半部分用于信息的上传，后一部分用于信息的下载。其实这从理论上更像是同步的半双工，但是由于上行和下行时间差距极短，无法感觉到，所以从效果上也是全双工。

TD–LTE 和 FDD–LTE 是 4G 的两种国际标准，各有利弊。TD–LTE 占用频段少，节省资源，带宽长，适合区域热点覆盖；FDD–LTE 速度更快，覆盖更广，但占用资源多，适合广域覆盖。

（四）卫星通信技术

卫星通信技术，就是利用人造地球卫星，将其作为中继站，对无线电波进行转发，从而进行两个及两个以上地球站之间的通信。卫星移动通信自 20 世纪 90 年代之后，发展十分迅猛，促进了天线技术的进步。卫星通信有着众多优势，包括组网迅速方使、传输质量好、通信容量大、覆盖范围广、有利于实现全球无缝连接等。因此，人们认为，在对全球个人通信进行建立时，卫星通信技术是一种非常重要的手段，具有不可或缺性。

随着卫星技术和通信技术的发展，通信卫星的容量和功率越来越大，在轨卫星数量也越来越多，每颗卫星承担的业务种类也越来越多样化。卫星通信覆盖区域大，不受距离和地理条件的限制，同时具有频带宽，容量大的特点。卫星通信作为空间宽带传输技术已成为地面光纤传输的重要补充，特别是边远地区和跨海越洋通信必不可少的通信手段。传统的卫星通信应用主要是广播和话音业务。近年来，由于通信技术的发展与业务的需求，卫星业务已从单纯的广播、话音业务向话音、数据、文本、图像、视频等多媒体业务发展。

如前所述，卫星通信相较于其他通信手段，有其自身优势。

第一，有着更大的电波覆盖面积、更远的通信距离，能实现多址通信。在卫星波束覆盖区内，最远可达 18000km 通信距离。身处覆盖区内的用户，能够通过通信卫星完成多址联接，实现即时通信。

第二，有着更大的通信容量、更宽的传输频带。通常来说，卫星通信使用的微波波段为 1～10000MHz，其频率范围很宽，能够在两点间提供成百上千乃至上万条话路，还提供了每秒几十兆乃至一百多兆比特的中高速数据通道，还能对好几路电视进行传输。

第三，有着高质量、高稳定性的通信。大部分卫星链路是在大气层以上的宇宙空间，属恒参信道，有着较小的传输损耗、稳定的电波传播，能够避免通信两点间各种人为因素、自然环境造成的影响，始终保证通信正常，即便发生核爆、磁爆也不例外。

传输时延迟是卫星传输的主要缺点。当人们拨打卫星电话时，无法实时得到电话另一边的回复，必须等待一段时间。造成这一问题的主要原因在于，尽管在自由空间中，无线电波的传播速度与光速不相上下，然而其被地球站向同步卫星发送，又被同步卫星向接收地球站发送，这两段传送距离加起来长达 8 万多千米。而当我们拨打卫星电话时，往往有问有答，那么无线电波就需要往返 16 万千米，由于光速为每秒 30 万千米，那么 16 万千米所需传输的时间就是 0.6 秒左右。这也代表着，在对方回答之后，我们需要等待 0.6 秒，才能收到其回答的讯息。人们用“延迟效应”对这种现象进行称呼。因为存在“延迟效应”，所以相较于拨打地面长途电话，拨打卫星电话不是特别方便、自如。

通信卫星和被这一卫星连通的地球站共同构成了卫星通信系统。目前，全球卫星通信系统中，静止通信卫星这一星体是最常用的。所谓静止通信卫星，就是发射卫星到赤道上空 35860 千米高度，让卫星有着与地球自转方向一致的运转方向，同时让卫星有着与地球自转周期相同的运转周期，继而让卫星始终与地球保持同步运行状态。所以，我们也用“同步卫星”称呼静止卫星。静止卫星天线波束覆盖面最大可大于地球表面总面积的 1/3。所以，只要将三颗通信卫星等间隔地放置在静止轨道上，其天线波束基本就能对除两极地区外的整个地球进行覆盖，保证全球范围内的通信。现如今，我们就是在上述原理基础上，对国际通信卫星系统进行使用并且在印度洋、太平洋和大西洋上空，分别有一颗卫星。

地球站是指设在地面、海洋或大气层中的通信站，习惯上称为地面站。通信卫星是沿轨道飞行的无线电波中继站。卫星上转发信号的最基本的单元是转发器。地球上卫星地面站的上行发送装置，借助于指向卫星的抛物面天线发送信号到转发器。转发器将信号放大再移至另一频率上（避免对输入信号的干扰），发送回地球。地面站的下行抛物面天线和接收机捕捉到信号后，先进行接收，再按各自的方式传送，也可实现多个地面站的相互通信。

一般来说，我们可以将卫星转发器分为两大类，即处理转发器和透明转发器。

当透明转发器对地面站发来的信号进行接收后，仅需完成转发任务，不用对该信号进行除放大功率、变频、放大低噪声之外的任何处理。透明转发器对工作频带内所有信号来说都是透明的通路，主要被用于模拟卫星通信系统。我们可以在数字卫星通信系统中对处理转发器进行使用，其不仅具有信号转发功能，还有信号再生、信号处理功能。

卫星通信系统分类有多种方式，按卫星制式可分为静止卫星通信系统、随机轨道卫星通信系统和低轨道卫星（移动）通信系统；按业务范围可分为固定业务卫星通信系统、移动业务卫星通信系统、广播业务卫星通信系统和科学实验卫星通信系统等。

空间频段和可用的轨道位置都是很有限的资源，国际电信联盟对卫星应用的各个频段有详尽的建议，其认可的世界无线电管理委员会（WARC）定期召开会议来实施无线电频带使用的管理，确定卫星的轨道位置，而国际频率注册组织（IFRB）则负责轨道上卫星的位置及其使用频率的分配。

与其他通信技术一样，卫星通信也把数字化技术作为一种充分利用有限频带的方法，以大大提高频率资源的利用率。星上处理技术已允许更大限度地实现国际互联，支持一系列计算机软硬件平台，极大地提高了信息传送的效率，减少了传输时间。

卫星通信中常用的多址方式有 FDMA、TDMA、CDMA 及最早使用的 SDMA（空分多址）等。SDMA 的基本特征是卫星天线有多个点波束，分别指向不同的区域地球站，利用波束在空间的差异来区分不同的地球站。这四种多址方式各有特点，各有不同的适用场合。

星际链路的多址方式十分重要，直接影响系统的性能。目前，在星际自由空间光通信中一般采用 TDMA 方式。但是由于传输距离很长，因而时延较大，难以达到 TDMA 系统要求的严格时钟同步。如果采用国际上最近提出的 WDM 方式，由于连续可调光源的生产存在较大的难度，所以难以满足 WDM 要求发射光源的频率在较大范围内连续可调的要求。因此，在卫星 IP 网络中可采用空间光码分多址技术（SO-CDMA）。SO-CDMA 用相互独立的光脉冲序列作为每个发射光源的地址码，地址码之间有着相互正交的关系，各信号源使用自己的地址码调制，并在接收端使用相应的地址码解调。在研究 SO-CDMA 技术时，主要集中在同步技术、功率控制、信号检测方法（包括多用户接收、多径接收等）、调制方式以及扩频序列的选择等方面。今后，星际链路所采用的最重要的方式之一就是SO-CDMA。

当前发展的新热点是以互联网业务和数字媒体为主的宽带卫星系统。我们已经在开发、部署新一代宽带卫星网络，其将对高速的互联网和多媒体业务进行提供。卫星通信具有覆盖广和易于进行多点广播通信的特性，宽带卫星网络也在不断增加，基于此，在全球信息基础网络机构中，卫星网络发挥的作用是不可替代的。卫星网络将成为地面移动网络或固定网络的组成部分，将成为IMT-2000系统的组成部分，对偏远地区的用户进行覆盖。

在通信领域内，地面宽带IP技术的演变与应用就是卫星IP网络技术。其指的是立足于IP技术，利用卫星信道对IP数据包进行传输与交换，从而完成用户满意的大流量分组数据业务的廉价提供。卫星网络对良好性能的获得，受到其部分固有特性的影响，如网络的不对称性、增加的比特差错率、长延迟等。关键技术研究涉及如下内容：使用加密协议和IP专用对卫星链路的影响，IP增强卫星链路或高级协议性能的可改善需求，支持卫星IP运行的传输层和网络层协议的性能需求，支持IP运行的传输层协议、Internet规定协议、网络层协议的卫星链路需求，支持IP的卫星网络体系结构。

IP over卫星和IP over卫星ATM各有特点，应用的通信卫星技术有所不同。在IP over卫星中，卫星主要指现阶段的C或Ku波段静止轨道卫星，可作为地面中继网的大型卫星关口站或VSAT卫星通信网。这种方式主要是采用协议网关来实现的，它截取来自客户机的TCP连接，将数据转换成适合卫星传输的卫星协议（卫星协议是针对卫星特点对TCP的改进），然后在卫星线路的另一端将数据还原成TCP，以达成与服务器的通信。IP over卫星ATM采用星上处理技术和ATM技术，它使宽带卫星能够无缝传输互联网业务，能更好地满足人们对数据传输的需求。在卫星ATM网络中，卫星被设计为能支持几千个地面终端。地面终端通过星上交换机建立VC，与另一地面终端之间传输ATM信元，但星上交换机能力有限。IP over卫星ATM采用卫星IP改进和协议网关等技术，在地面网中IP over ATM的一些技术也适用。

卫星IP网络的发展主要有两个方向，一是高速技术，提供互联骨干网的无缝连接；二是终端小型化，为企业网、局域网或家庭用户提供便宜的互联网接口。

（五）无线网络技术

伴随终端技术与网络技术的发展，在技术概念方面，无线互联网与移动互联网将会一步步缩小差异，我们可以用“无线互联网技术”对其进行统称。具体来说，无线互联网技术涉及无线局域网技术、固定无线接入、移动网络接入等。

现如今，伴随移动终端的功能增强、无线链路速率的提高、无线通信技术的发展、核心网技术的飞速发展及全 IP 网络的演进，通过无线（移动）互联网，人们能够越来越多地获得固定互联网上多种多样的信息服务，无论是信息服务的质量、内容还是类型，都与固定互联网逐步接近。

1. 网络标准

无线网络有如卜儿种常见标准：

（1）IEEE 802.1la：对 5GHz 频段进行使用，能够达到 54Mb/s 的传输速度，不兼容于 802.11b。

（2）IEEE 802.11b：对 2.4GHz 频段进行使用，能够达到 11Mb/s 的传输速度。

（3）IEEE 802.11g：对 2.4GHz 频段进行使用，能够达到 54Mb/s 和 108Mb/s 的传输速度，可与 802.11b 兼容。

（4）IEEE 802.11n：对 2.4GHz 频段进行使用，能够达到 300Mb/s 传输速度，尽管这一标准仍旧处于草案阶段，但是已经有层出不穷的产品对该标准进行应用。

现如今，在这几种标准中，最常用的是 IEEE802.11b，而具有新一代标准实力的则是 IEEE802.11g。

IEEE802.11b 标准包含两个部分，即确保访问控制和加密，我们必须在无线 LAN 中的每个设备上对这两个部分进行配置。公司往往拥有数百台乃至数千台无线 LAN 用户，因此，对安全可靠的解决方案有着迫切需求，以实现通过一个控制中心进行有效管理的目的。之所以只有一些相对较小的公司和特定用户对无线 LAN 进行使用，根本原因在于其欠缺集中的安全控制。

IEEE 802.11b 标准对两种机理进行定义（即有线等效保密和服务配置标识符），从而提供对无线 LAN 的访问控制和保密。除此之外，还有一种加密机制是通过对无线 LAN 上的虚拟专网（VPN）进行透明运行而得以实现。在无线

LAN中，有一个特性经常被用到，那就是被称为SSID的命名编号，它对低级别上的访问控制非常有效。一般情况下，无线LAN子系统中设备的网络名称就是SSID，其被用于在本地分割子系统。IEEE 802.11b标准规定了一种被称为有线等效保密（WEP）的可选加密方案，提供了确保无线LAN数据流的机制。WEP利用一个对称的方案，在数据的加密过程和解密过程中使用相同的算法与密钥。

2. 接入设备

（1）无线网卡

无线网卡和以太网中的网卡起到的作用相似。无线网卡是无线局域网的接口，能够连接无线局域网。从接口类型来看，无线网卡可被分为以下几种：PCMCIA无线网卡、PCI无线网卡与USB无线网卡。

我们只能在笔记本电脑上使用PCMCIA无线网卡，因其支持热插拔功能，所以能够便捷地完成移动无线接入，与笔记本电脑的PC卡插槽相配适。如果想对PCMCIA无线网卡进行加强，我们可以通过外部天线达成这一目的。

我们可以在普通的台式计算机上使用PCI无线网卡。实际上，PCI无线网卡仅仅是将一块普通的PCMCIA卡插在PCI转接卡上。PCI无线网卡能够使我们的微机在网络上和其他计算机通信，而无须依靠电缆。无线NIC相似于其他网卡，不过有一点不同，那就是其在对数据进行接收和发送时，并非依靠物理电缆，而是依靠无线电波。为扩大自身有效范围，无线NIC需要增加外部天线。如果AP信号渐弱或者有着过大的负载，NIC就能对与之连接的访问点AP进行更改，向可用的最佳AP自动转换，从而实现性能提升。

我们既可以在普通的台式计算机上使用USB接口无线网卡，也可以在笔记本上使用它。USB接口无线网卡同样支持热插拔功能。如果网卡外置有无线天线，那么，USB接口的无线网卡是个较为适宜的选择。

（2）无线网桥

在对两个或两个以上独立网络段进行连接时，我们可以使用无线网桥。一般情况下，这些独立的网络段处于不同建筑之中，彼此之间的距离从几百米到几十千米不等。因此，在不同建筑物间的网络互联中，我们可以对无线网桥进行广泛应用。从不同协议角度出发，无线网桥可以分为采用5.8GHz频段的802.11a和采用2.4GHz频段的802.11b、802.11g、802.11n。中继桥接、点对多点、点对点是三种无线网桥的工作方式。对于城市远距离通信来说，使用无线网桥是非常合适的。

一般情况下，我们会在室外使用无线网桥，以对两个网络进行连接。要注意的是，我们不能单独使用无线网桥，必须对两个及两个以上的无线网桥进行同时使用，能够被单独使用的是 AP。无线网桥具有其自身优势，如有着较强的抗干扰能力、较远的传输距离（最大可传输 50km 左右）和较大的功率。无线网桥通常无自带天线，而是有着抛物面天线，从而实现长距离的点对点的连接。

AP 接入点就是无线局域网收发器，其属于无线网络的核心，被用于无线网络的无线 HUB。AP 接入点是移动计算机用户进入有线以太网骨干的接入点，我们能够在墙壁或天花板上对 AP 进行简单的安装。在开放空间，AP 有着 300m 的最大覆盖范围，以及高达 11Mb/s 的无线传输速率。

（3）无线天线

无线局域网天线能够扩展无线网络的覆盖范围，连接不同的办公大楼。基于此，用户能够随身携带笔记本电脑，自由、随意地在房间之间、大楼之间移动位置。

如果计算机与其他计算机或者无线 AP 有着较远的距离，会出现信号变弱、传输速率明显下降等情况，甚至出现完全无法与其他计算机或 AP 之间通信等情况，此时，我们必须借助无线天线，从而增益（放大）所接受和发送的信号。

无线天线的类型是多种多样的，室内天线和室外天线是最常见的两种。室内天线灵活、方便，不过有着传输距离短、增益小等问题；室外天线有很多种类，如抛物状、平板式、栅栏式，其有着较远的传输距离，对于远距离传输来说，宜选择室外天线。

3. 接入方式

立足于不同应用环境，无线局域网主要采用如下拓扑结构，包括网桥连接型、访问节点连接型、HUB 接入型以及无中心型。

（1）网桥连接型

我们主要在有线局域网或无线局域网之间的互联中使用网桥连接型结构。如果两个局域网在使用有线连接的过程中出现问题、存在困难，或者根本无法实现有线连接时，我们可以使用网桥连接型，从而完成点对点的连接。在网桥连接型结构中，局域网通过各自的无线网桥，实现彼此之间的通信。可以说，无线网桥发挥的作用实际上就是网络路由的选择和协议转换。

（2）访问节点连接型

访问节点连接型结构采用移动蜂窝通信网的接入方式，移动站点之间的通信，需要先依靠就近的无线接收站接收信息，继而通过有线网，将接收的信息向移动交换中心传入，接下来，移动交换中心再将信息向所有无线接收站传送。此时，只要是在网络覆盖范围之内，各地都能对这一信号进行接收，同时实现漫游通信。

（3）HUB 接入型

利用 HUB，我们能够在有线局域网中对星状网络结构进行组建。当然，利用无线 AP，我们也能对有着星状结构的无线局域网进行组建，它有着相似于有线星状结构的工作方式。不过，通常来说，在无线局域网中，会对无线 AP 提出要求，其需要拥有简单的网内交换功能。

（4）无中心型结构

无中心型结构有着与有线对等网工作方式相似的工作原理。无中心型结构需要网中任意两个站点之间都能完成直接的信息交换。也就是说，每个站点需要同时扮演服务器与工作站两个角色。

4. 网络分类

（1）无线个人网

无线个人网（WPAN），是指数个装置在小范围内相互连接而形成的无线网络，一般来说，“小范围”就是个人能及的范围。例如，Zig Bee 将无线个人网的应用平台提供给膝上电脑、蓝牙连接耳机。蓝牙是具有开放性的，短距离无线通信的技术标准。蓝牙所面向的是移动设备之间的小范围连接，无法成为一种无线局域网（WLAN）技术。所以，从本质上看，蓝牙是对线缆进行代替的技术。我们可以在较短的距离内，通过使用蓝牙来代替当前各种各样的线缆连接方案。蓝牙能够利用统一的短距离无线链路，摆脱多种障碍（如墙壁的阻挡），在各种数字设备之间实现小功耗、低成本、安全而又灵活的数据与话音通信。

立足专业角度，蓝牙实际上是一种无线接入技术；而立足技术角度，蓝牙则属于创新技术，其能够带来生机勃勃的电子产业，从这一方面来看，蓝牙同样属于一种产业。在业界眼中，蓝牙可谓是整个移动通信领域非常重要的组成部分。

蓝牙并非只是一个芯片，更是一个网络，是 3G 与 GPRS 的推动器。

（2）无线区域网

认知无线电技术是无线局域网（Wireless Regional Area Network，WRAN）的基础。IEEE 802.22 对于 WRAN 系统相适应的空中接口进行定义。WRAN 系统在 47MHz～910MHz 高频段 / 超高频段的电视频带内工作，不过，因为有用户（如电视用户）已经对该频段进行占用，所以 802.22 设备必须对使用相同频率的系统进行探测，从而防止干扰问题的发生。

（3）无线城域网

对数个无线局域网进行连接的无线网络形式，就是无线城域网。

IEEE802.16a，这项新的无线城域网标准在 2003 年 1 月被正式通过。全球微波接入互操作性组织（WiMAX）致力于研究该无线城域网标准，并想要在无线局域网联盟 WiFi 之后，成为另一个产业影响力强大的无线产业联盟。Intel 公司是 WiMAX 的主要成员，着力开发 IEEE802.16 无线城域网芯片。该芯片能够帮助实现终端设备与天线的无线高速连接。在 2006 年初，已经出现了带有基于 IEEE802.16e 标准的 WiMAX 芯片的设备。

三、内容集成分发技术

随着 Internet 的普及和信息传输技术的快速发展，Internet 上的传输内容已逐渐由单纯的文字传输转变成为包含文本、音频、视频的多媒体数据传输，这样的改变不仅使 Internet 使用者能获得更为丰富多样的信息，同时也代表着多媒体网络时代的来临。以前，多媒体文件需要从服务器上下载后才能播放。由于多媒体文件一般都比较大，下载整个文件往往需要很长的时间，限制了人们在互联网上使用多媒体数据进行的交流。面对有限的带宽和拥挤的拨号网络，要实时实现窄带网络的视频、音频传输，最好的解决方案就是采用流媒体的传输方式。

因特网上的传统流媒体系统是基于客户机 / 服务器（Client/Server，C/S）的模式，一般包括一台或多台服务器和若干客户机。系统能同时服务的客户总数称为系统容量，C/S 模式的流媒体系统容量主要是由服务器端的网络输出带宽决定的，有时服务器的处理能力、内存大小、IO 速率也影响到系统的容量。在 C/S 模式下，因为传输流媒体占用较大带宽，且持续较长时间，而服务器端只能对有限的网络带宽进行利用，所以即使是使用高档服务器，其系统容量也不过几百名客户，根本不具有经济规模性。另外，由于因特网不能保证服务质量，如果客户机距服务器较远，则流媒体传输过程中的延迟、抖动、带宽、丢包率等指标也将更加不确定，服务器为每一个客户都要单独发送一次流媒体内容，从而网络资源的消耗巨大。对此业界相继提出了多种解决方案，比较重要的有内容分发网络（Content Delivery Network，CDN）和 IP 组播（IP Multicast），以及对等网络（P2P）内用其他节点提供的服务内容分发方式等。

内容分发网络旨在通过将一层新的网络架构增加至现有的 Internet 之中，在最接近用户的网络"边缘"发布网站内容，从而让用户能够就近对自身所需的内容进行获取，解决 Internet 网络拥挤问题，实现用户访问网站的响应速度的提升，从技术上对网点分布不均、用户访问量大、网络带宽小等原因导致的用户访问网站响应速度慢的问题进行全面解决。

四、P2P 技术

（一）P2P 的概述

P2P 是 Peer-to-Peer 的缩写，Peer 在英语里有"地位、能力等同等者""同事"和"伙伴"等意义。因此，P2P 被称为"伙伴对伙伴""对等连接"或"对等网络"。P2P 打破了传统的 C/S（Client/Server，客户 / 服务器）体系结构和 B/S（Browser/Server，浏览器 / 服务器）体系结构中"将服务器作为中心"的模式。每个节点在网络中都有着同等地位，不仅扮演着服务器的角色，将服务提供给其他节点，同时也对其他节点提供的服务进行享受。P2P 不是一种新技术，而是一种新的 Internet 应用模式，指网络上的任何设备（包括大型机、PC、手机等）可以平等地直接进行连接和协作。

总的来说，P2P 属于分布式网络，网络参与者对其所拥有的部分硬件资源（打印机、网络连接能力、存储能力、处理能力等）进行共享。网络需要将内容与服务提供给上述共享资源，并且其他对等节点（Peer）无须经过中间实体，就能对这些共享资源进行直接访问。在该网络中的参与者，一方面是资源（内容与服务）的提供者（Server），另一方面也是资源（内容与服务）的获取者（Client）。所以，

P2P 能够畅通网络沟通，将更直接的交互与共享带给用户。

（二）P2P 技术特点

1. 非中心化

网络中的服务与资源分散在所有节点上，因而想要实现信息的服务与传输，无须介入服务器和中间环节，可以在节点之间直接进行，避免了可能的瓶颈。

2. 可扩展性

伴随用户的不断增多，除了增加服务需求之外，系统整体的服务能力和资源也实现了同步扩充，能够始终对用户的需求予以满足。理论上其可扩展性可以认为是无限的。

3. 健壮性

P2P 架构具有耐攻击、高容错的优点。服务是在各个节点之间分散进行的，因此部分网络或节点被破坏，不会较大地影响到其他部分。

4. 高性能 / 价格比

采用 P2P 架构，能够对互联网中散布的大量普通节点进行有效利用，用更低的成本提供更高的计算和存储能力。

（三）网络体系结构

现如今，“内容位于中心”是 Internet 的存储模式。当前，互联网主要采用 C/S 或 B/S 结构的应用模式，因此，必须将一个服务器设置于网络之中，通过该服务器实现信息传递。我们可以将信息在服务器上上传、保存，接着再分别对信息进行下载；也可以依照服务器上专有规则（软件）对信息进行处理，之后才能使其传递、流动于网络。而运用 P2P 技术，我们就能让 Internet 上的内容向边缘移动。总的来说，通过运用 P2P 技术，不同 PC 用户之间无须中继设备也能实现服务或数据交换，Internet 用户能够直接使用对方的文件。

第一，客户无须在服务器上传送文件，只需要使用 P2P 技术与其他计算机完成共享；第二，计算机对 P2P 技术进行应用后，无须永久的 Internet 连接，也无须孤岛的 IP 地址，这使得占有极大比例的用户可以享受 P2P 技术带来的带宽的变革。从技术层面看，P2P 不仅能够提供对大量闲置资源（海量存储能力、大量计算机处理能力）进行利用的机会，还能消除仅用单一资源造成的瓶颈问题。

（四）应用的系统和前景

随着 P2P 流媒体技术的日渐成熟，基于 P2P 流媒体越来越普及的应用，P2P 流媒体技术在视频点播、电子商务、网络视频广告、网络广告、在线直播、互联网多媒体新闻发布、远程教育、远程医疗、网络电台、网络电视台、实时视频会议等互联网的信息服务领域得到广泛运用。

P2P 流媒体技术和传统流媒体的不同之处在于，用户在播放过程中不仅可以从流媒体服务器取得媒体流，还可以从其他用户那里取得媒体流，与此同时，用户还会向其他用户提供媒体流。P2P 流媒体技术能有效缓解服务器压力并有效利用闲置带宽，大大降低流媒体服务器的压力，从而在同等条件下支持更多的流媒体用户，对于流媒体业务发展具有重要意义。P2P 技术可以提高用户收视质量，可以根据网络延时、响应速度等参数选择较快的相邻节点进行连接，从而避免了传统流媒体方式下单一地从局端服务器获取数据的方式。

P2P 推进了媒体的平移，改变了今天通信的体系结构，对于电信运营商来讲，它的冲击和影响力还远远没有表现出来。P2P 的推进和 Web2.0 融合能够产生的影响非常大。P2P 软件如雨后春笋般出现，使网民们能在互联网上浏览到高清的电影。P2P 流媒体技术的优点还有很多，它有深远、广阔的发展应用前景。它可以用于网络电视、远程教育等多个领域。流媒体由于加入了 P2P 技术而得到蓬勃发展，随着网络电视 IPTV、无线流媒体以及数字家庭等未来流媒体的应用，相信 P2P 流媒体还将有一个更广阔的前景。随着运营商的加入，P2P 流媒体的研究势必取得更大的进展，并将更加广泛地应用于商业领域。

五、IPTV 技术

（一）概述及特点

1. 概述

IPTV 是 Internet Protocol Television 的缩写，即交互式网络电视。网络电视在 20 世纪 90 年代中期开始发展，当时通过互联网向大众提供实时视 / 音频流的流媒体技术开始出现。网络电视，也叫 IP 电视或 IPTV，是指利用互联网作为传输通路传送电视节目及其他数字媒体业务，在终端设备观看的技术。

IPTV 是一种新兴技术，其对宽带网等基础设施进行利用，将家用计算机、电视机当作主要终端设备，集多种技术（通信技术、多媒体技术、互联网技术等）于一身，通过互联网络协议（IP）将多种交互式数字媒体服务（如数字电视等）提供给家庭用户。在国内，人们也将 IPTV 称为“网络电视”，它是一种个性化、交互式服务的崭新的媒体形态。

IPTV 与传统 TV 节目的最大区别在于“交互性”和“实时性”，实现的是无论何时都能“按需收看”的交互网络视频业务。

IPTV 的工作原理和基于互联网的电话服务相似，它把呼叫分为数据包，通过互联网发送，然后在另一端进行复原。其实也跟大多数的数据传输过程一样。首先是编码，即把原始的电视信号数据进行编码，转化成适合 Internet 传输的数据形式；其次通过互联网传送最后解码，通过计算机或是电视播放。由于要求传输的数据是视频和同步的声音，如果效果要达到普通电视效果 24 帧 /s，甚至是 DVD 效果，大家可以想象到对传输速度的要求是非常高的，它采用的编码的压缩技术是最新的高效视频压缩技术。IPTV 对带宽的要求也比较苛刻，带宽至少达到 500～700kbit/s 即可收看 IPTV。768kbit/s 的能达到 DVD 的效果，2Mbit/s 已经非常清楚了。

用户在家中可以有三种方式享受 IPTV 服务，一是计算机，二是网络机顶盒 + 普通电视机，三是移动终端（如手机、iPad 等）。

IPTV 可以很好地和当今网络飞速发展的趋势相适应，对网络资源进行有效而充分的利用。IPTV 与经典的数字电视和传统的模拟式有线电视都不相同，因为，传统的和经典的数字电视都具有频分制、定时、单向广播等特点；尽管经典的数字电视相对于模拟电视有许多技术革新，但只是信号形式的改变，而没有触及媒体内容的传播方式。

2. 特点

IPTV 最大的特点是使电视图像业务在高速互联网上的应用成为现实，即 IPTV 给宽带业务注入了电视服务内容。IPTV 可以充分利用宽带资源，用宽带平台整合有线电视资源，为用户提供更多多媒体信息服务的选择。

如前所述，IPTV 是对宽带有线电视网进行利用的基础设施，其主要终端为家用计算机、电视机，利用互联网络协议来提供包括电视节目在内的多种数字媒体服务。其具有如下特点：

（1）能够将接近 DVD 水平的高质量数字媒体服务提供给用户。

（2）用户在选择宽带 IP 网上各网站提供的视频节目时，自由度非常高。

（3）能对媒体消费者和媒体提供者的实质性活动予以实现。新一代家庭数字媒体终端以 IPTV 采用的播放平台为典型代表，能够从用户的选择出发，对多种多媒体服务功能进行配置，如电子邮件、互联网浏览、VCD/DVD 播放、可视 IP 电话、数字电视项目以及多种在线信息咨询、商务、教育、娱乐功能。

（4）将广电业、电信业和计算机业三个领域融合在一起。

由于 IPTV 的技术传输遵循 TCP/IP 协议。这就决定了 IPTV 能够非常容易地将数字电视节目、可视 IP 电话、DVD/VCD 播放、电子邮件、互联网浏览以及多种在线信息咨询、商务、教育、娱乐功能结合在一起，充分体现出 IPTV 在未来竞争中的优势。

目前，中国的 IPTV 系统采用客户机 / 服务器模式提供单播和点播（包括 VoD 和时移电视）业务。由于服务器输入 / 输出（I/O）“瓶颈”的限制，一台服务器只能支持有限地并发流（千数量级的并发流）。要解决十万、百万用户同时收看的问题，不仅需要大量服务器，还需要极宽的网络带宽。目前的解决方法有两种，一是采用组播来提供广播；二是采用内容传送网络（CDN）技术，将服务器尽量放到离客户近的地方以减轻网络负荷。现有网络要支持组播，需要进行改造，这不仅导致成本增加还将损失互联网无所不在的通达能力。因此，IPTV 只能在经过改造的局部网络内提供广播业务。IPTV 正进一步向网络新媒体的方向演化，但是目前的客户机 / 服务器模式并不能很好地提供支持。

（二）网络体系结构

IPTV 系统结构主要包括流媒体服务、节目采编、存储及认证计费等子系统，主要存储及传送的内容是以 MPEG-4 为编码核心的流媒体文件，基于 IP 网络传输，通常要在边缘设置内容分配服务节点，配置流媒体服务及存储设备，用户终端可以是 IP 机顶盒 + 电视机，也可以是 PC。

从物理结构上可以将 IPTV 系统分为三个子系统，分别为网络系统（业务传送平台)、服务端系统(包括节目源、业务平台)、用户端系统。

IPTV 的业务平台主要包括信源编码与转码系统、存储系统、流媒体系统、运营支撑系统和 DRM 等。IPTV 业务平台一般具有节目采集、存储与服务两种功能。

IPTV 系统所使用的网络是以 TCP/IP 协议为主的网络，包括骨干网 / 城域网、内容分发网、宽带接入网。

IPTV 用户接收终端负责接收、处理、存储、播放、转发音视频数据流文件和电子节目导航等信息。

(三)应用系统

IPTV 业务充分利用高带宽和交互性的优点，提供各种能满足用户有效需求的增值服务，让用户体验到宽带消费物有所值。对于成熟的宽带业务至少应该具备四个特点，那就是多媒体化、互动性、人性化、个性化。由具有上述特点的 IPTV 业务衍生的宽带增值应用很多，典型应用包括以下内容：

1. 直播电视

直播电视类似于广播电视、卫星电视和有线电视所提供的服务，这是宽带服务提供商为与传统电视运营商进行竞争的一种基础服务。直播电视通过组播方式实现直播功能。

2. 时移电视

时移电视能够让用户体验到每天实时的电视节目，或是今天可以看到昨天的电视节目。时移电视是一种基于网络的个人存储技术的应用。时移电视功能将用户从传统的节目时刻表中解放出来，能够让用户在收看节目的同时，实现对节目的暂停、后退操作，并能够快进到当前直播电视正在播放的时刻。

3. 视频点播

IPTV 的视频点播是真正意义上的 VOD 服务，它能够让用户在任何时间、任何地点观看系统提供的任何内容。通过简单易用的遥控器，让用户有了充分支配自己观看时间的权利。这种新的视频服务方式让传统的节目播出时刻表失去意义，视频点播使用户在想看的时候立即得到视频服务的乐趣。

4. 电视上网

尽管目前个人计算机日益普及，但仍有一部分人认为计算机过于昂贵、复杂。这个群体的人们只是喜欢偶尔上网，收发电子邮件，而不想费神去拥有或学习使用计算机。IPTV 业务的出现使他们的愿望得以实现。他们可以利用机顶盒的无线键盘或遥控器在电视机上享受定制的互联网服务，浏览网页和收发电子邮件，享受高科技带来的丰富的信息资源。

5. 远程教育

IPTV 拥有的点播功能与远程教育的需求完全相符，能够成为很好的远程教育课件点播应用平台。伴随信息技术的飞速发展，作为一种新型教育方式，远程教育将平等的学习机会提供给所有求学者，从而令高等教育成为个体需求的基本条件，而非被少数人专享的权利。远程教育通过应用 IPTV 业务，与受众更加贴近，人们只需在家中对着电视机，便能足不出户地获取所需的学习资料。

（四）应用前景

IPTV 开启了网络变革之门。在网络的演进中，IPTV 的产生、发展都扮演着非常重要的角色。不过，虽然 IPTV 能够对自身互联网优势进行利用，向人们提供服务，但是也需要广电系统从旁协作。相对应的，广电也需要合作于电信部门。在未来的发展中，数字电视如果想和 IPTV 一样，具有互动点播功能，就要依托电信宽带网络的接入。广电在节目内容的制作方面具有先天优势，而互联网与电信则以宽广的网络覆盖为自身优势，有利于和下一代网络发展走向相融合，拥有十分丰富的大型网络管理、运营以及设计经验体系。

想要实现 IPTV 的发展，一方面要以宽带双向网络基础设施为前提；另一方面也要有丰富的视频、音频节目，因此也推动着电信、广电双方自发进行优势互补、实现合作共赢。

IPTV 业务使三网产业链条紧密联系起来，使得未来的新一代网络将以 IPv6 为纽带，以用户需求为基础，以多网业务融合为出发点，以灵活的用户接入和信息数字一元化的处理模式，逐渐把目前以电路交换为主的 PSTN 网过渡到以分组交换为主的 IP 网。把目前基于 TDM 的 PSTN 语音网和基于 IP/ATM 的分组网进行融合，让电信、电视与数据业务灵活地构建在一个统一的 IP 开放平台上，综合提供现有 PSTN 网、IP 网、ATM 网以及移动网等异构网上承载的电话和 Internet 接入业务、数据业务、视频流媒体业务、数字电视广播业务和移动业务等，满足人们随时随地实现通信或享受个人定制的个性化通信业务和服务，并在 IP 这个全业务网络的统一转发平台上，提供端对端的 QoS 质量保证，使网络全面实现基于数据包的传输，同时实现端对端透明的宽带能力，能和以前网络协同工作，支持广泛的可移动性，并为用户提供多个服务商，让他们无限制地接入访问和具有极为广泛的自由选择度。因此，基于 IP 技术的 IPTV，全面加速了传统的电信网、计算机网和有线电视网业务的相互渗透、相互融合，促进了它们的自然延伸和演进，引领新一代网络走向新领域。

六、异构网络互通技术

随着 Internet 的飞速发展和多媒体技术的不断成熟，流媒体应用已经成为互联网上最为重要、最具活力的应用之一。然而，由于 Internet 与生俱来的尽力而为的特性以及在网络拓扑、终端设备等方面存在的异构性，导致流媒体应用在传输机制方面仍然存在许多有待改进的地方。

就我国现状而言，在未来的一段时间内，IPTV、数字电视、移动多媒体三种网络将是并存的态势，如何充分利用好各部分的资源，实现有效的互通共用和资源共享，通过转码技术来做到这一点是当前研究中的热点和难点。

针对异构网络、异类终端及不同传输需求的问题，现有的数字媒体内容传播与消费过程中的共享和互通技术主要可以分为两大类，分别为转码和解码技术。

兼容已有音视频压缩标准的转码技术。转码技术在数字媒体压缩标准传输链路中增加额外处理环节，使码流能够适应异构传输网络和异类终端。它主要着眼于现有编码码流之间的转换处理。转码技术分为异构转码和同步转码。异步转码指在同一压缩标准的编码码流之间的转码技术，同构转码则指不同压缩标准之间码流的转码。

面向新一代媒体编解码标准的可伸缩编解码技术。为了适应传输网络异构、传输带宽波动、噪声信道、显示终端不同、服务需求并发和服务质量要求多样等问题，以“异构网络无缝接入”为主要目标可伸缩编解码技术的研究应运而生。

第五章　数字媒体技术的创新发展

本章重点阐述数字媒体技术的创新发展，包含三节内容：第一节为数字媒体技术创新的受众，第二节为数字媒体技术创新的发展趋势，第三节为数字媒体技术创新的路径探索。

第一节　数字媒体技术创新的受众

一、受众的概述

信息接受者的总称就是“受众”。现如今，人们虽然对“受众”一词十分熟悉，然而谈到受众的概念、特点、性质等问题，还是存在很多争论与分歧。我们既可以按照时间、信息内容、各种媒体或渠道、人口特征、地点等对“受众”进行界定，也可以按照彼此相交的不同方式对“受众”进行定义。例如，按照媒体或渠道对受众进行划分，可以有不同组织形式和技术特征的媒体受众；按照地点对受众进行划分，可以有地方传媒的受众；按照信息内容对受众进行划分，可以有不同风格的受众；按照人口特征对受众进行划分，可以有不同教育程度、不同收入水平、不同年龄的受众；按时间对受众进行划分，可以有黄金时段或日间时段的受众，也可以有短时、瞬时和连续的受众。从上述内容中不难发现，受众这一概念有着多重意义。

我们可以将受众视为观众、听众、读者的集合体，这也有助于我们从规模和数量方面对受众概念进行把握。传播学家克劳斯（Claus）认为，按照受众的规模，我们可以对受众进行三种层次划分：第一种层次是特定国家、地区中能够对传媒信息进行接触的总人口，其规模最大；第二种层次是能够定期对特定信息内容或特定传媒进行接触的人；第三种层次是不仅对媒体内容进行接触，也被媒体影响了行动或者态度的人，这部分人对于媒体而言是“有效受众”，我们能够从他们身上看到实质性的传播效果。但是，这种分类对于全面了解受众的社会结构、性质、特点等显然是不够的。在早期的大众传播研究中，受众的概念近乎等同于大众，随着媒体形式的日益多样化，媒体与人们生活的日益亲密，受众的概念也随之发生着变化，而受众观的不同，也会使得在大众传播过程中受众的作用、地位以及性质的理解存在差异。所以，本书对主要的几种受众观进行简要阐述。

第一种受众观，将受众看作社会群体中的一分子。基于此，受众便分属于不同的社会群体或集团，具有不同社会背景，不再是孤立存在的。尽管受众接触大众传媒属于一种个人活动，然而，这种活动也会受到该受众群体规范、群体利益、群体归属关系的制约。受众有两个方面的群体背景：第一为人口统计学意义上的群体，包括不同学历、职业、民族、籍贯、年龄、性别群体；第二为社会关系意义上的群体，如文化、经济、政治、团体、单位、家庭的归属阶层，宗教信仰群体等。受众之间有不同的群体属性，也代表受众之间有不同的文化背景和心理特点，对事物有不同的看法、观点与立场，不同的信念与价值，不同的社会地位与社会化的条件，处于不同的社会环境与时代。此外，他们也有着千差万别的对大众传媒信息的需求、接触和反应方式。

第二种受众观，是将受众视为大众传媒的市场和信息产品的消费者。立足市场角度对问题进行考虑时，我们这样定义受众：他们是有着特定社会经济侧面性的、特定信息或媒体所指向的、潜在的消费者的集合体。大多数传媒机构都认可这种“受众即市场”的观点，这种观点反映了传媒活动的某些特性（如竞争性、商品性、经营性），同时揭示了受众作为消费者的部分行为特点。

受众不仅是被动的接收者，同时也享有一定的权利，他们既是构成社会的基本成员，也是对社会公共事务、社会管理进行参与的公众。因此，也有观点将公众视为权利主体，认为受众在大众传播过程中享有传播权、知晓权和媒体接近权等基本权利。

由于受众本身具有多种社会属性，因此，上述观点并不能对受众的性质、含义进行全面概括。一方面，受众是社会环境的产物，这种社会环境会使人拥有相同的信息需求、理解力和文化兴趣；另一方面，受众也是特定媒体供应模式的产物。这种特性决定了受众问题的多样性和复杂性。

在数字媒体技术传播研究中，受众分析是其组成部分，且非常重要。受众在传受关系中属于一个重要的方面，是媒体信息的接收者与传播对象。随着时间推移，媒体形式从单向系统变为双向系统，继而发展到多媒体网络，受众也不断发生着变化，基于此，受众和媒体之间的关系也悄无声息地产生了变化。

通常情况下，受众在各方面表现得越积极主动，他们对媒体的操纵、影响和劝服行为就越有抵抗力和弹性。从理论角度看，主动受众能够将更多的反馈信息提供给媒体传播者，接受者和传播者之间的互动也会更多。而这些结论对于数字媒体来说同样是适用的。同时，因为数字媒体所具有的特点，在促进传受双方的互动方面，数字媒体技术具有非常大的潜力。

二、受众的主体

传播关系看似十分简单，使两个或多个人基于彼此共同感兴趣的信息符号进行聚集。所以，传播过程实际上就是对信息符号进行分享的过程，受者与传者在这一过程中共同对那些代表信息和增进彼此了解、汇聚的符号进行吸纳。传播过程中，受者与传者的行为有着内在联系。受者的信息接受与传者的信息传递彼此依存，形成互动。传者只有为受众提供实际需要的或富有趣味性的信息，才会得到受者的接受，才能获得较好的传播效果。从传统媒体的传受关系来看，即使今天已经实现了“受众中心化”，但作为把关信息的一方，传播者依旧具有主导地位，受众所具有的“主导性”，仅仅在其自主选择上有所体现。尽管传播者对受众市场需求进行了充分考虑，但最终的传播决定权依然紧紧被攥在他们手中。而数字媒体时代则极大地改变了上述传受关系，受众开始积极主动地使用媒体、接受传播内容。尽管受众仍旧受到接触度与技术的限制，然而他们那单纯接受的身份正渐渐发生改变，开始呈现出传播者的行为特征。传受关系的这种转变，对数字媒体受众主体的变化产生着间接或直接的影响。

传统大众传播媒体是工业革命的产物，在遵循工业化批量生产原则的基础上进行内容生产。同样内容的报纸，能够被印刷几万份、十几万份甚至上百万份；同样内容的广播电视节目，能够向成千上万的观众、听众发送，但这样就难以顾及个别观众、听众、读者的个别需求。对于传统大众传播媒体而言，受众是“大众”，是被动接受信息的群体。传统的大众传播媒体对该群体的大小更为关心，因为这关系到自身的经济利益。从20世纪中叶起，随着社会的不断进步、媒体市场不断发展，媒体开始对特定的受众群体给予更多关注。不断发展的技术使得受众调查的手段日益丰富，也使信息反馈速度得以提升，这也使得媒体有着越发精准的定位，从而令“广播”发展为“窄播”。然而，无论是广播还是窄播，实际上仍采用传统大众传播的“以传者为中心”的单向传播模式，未能对其进行摆脱。

信息传播技术的数字化革命，改变了传播环境，在技术上能够轻松实现双向互动的、个性化的传播。不过，大众传播媒体的发展并非仅仅受到技术推动，其在发展过程中对自身受众、用户也在不断地进行培养。媒体对自身受众以及受众的信息接收习惯进行培养，反过来受众的信息接收习惯又对媒体的发展产生影响。当前我们看到的广播电视节目样式就是在对受众收视习惯不断加以适应之后诞生的。广播电视本为单向传播媒体，但由于受众对互动有着日益增高的要求，其也开始利用手机、电话增加互动内容。然而，我们也要注意，有时候受众的信息接收习惯会对媒体的发展产生制约。例如，有些读者习惯了拿着报纸阅读，当他们通过手机屏幕或者在电脑上阅读报纸时，就失去了读报的感觉，这也会对手机报的普及和报纸网站的点击率造成很大影响。

不过，这些情况都在迅速地变化着。现如今，传统大众传播媒体的受众中，“80后”“90后”占据很大一部分，“80后”大多是看着电视长大的，而“90后”大多是玩着计算机长大的。对于他们来说，相较于平面媒体，视频更能带来亲切的感觉。他们对双向互动的信息共享、信息交流有着更多的倾向。当受众的主流变为这一群体后，将不再满足于信息的被动接收，而是会对自己所需的信息进行主动追寻。他们自由地发布信息，积极地参与大众传播，通过自己的方式开展娱乐休闲活动，引领新一轮的传播革命。新一轮的传播革命将直接带来传播的回归，即由中央集权的传播回归到自由平等的传播，由单向传播回归到双向互动传播，由大众化传播回归到个性化传播。

数字媒体的受众比传统媒体的受众更容易识别，其所具有的特征是鲜明而集中的。当前，数字媒体技术愈发成熟，受众范围也越发广泛，受众群体在潜移默化中发生改变。有人认为，年轻人是数字媒体技术的主要受众，这是毫无疑问的事实。如今的年轻人懂得英语、熟悉网络、了解技术，尽管他们是传统媒体流失的受众群，然而从另一角度来看，也是数字媒体技术的主要受众群。尽管年轻人家中都有电视机，然而却很少打开电视观看新闻与节目，通常是从电脑、手机上观看电视节目。许多数字新媒体一开始就意识到争取年轻群体的重要性。例如，上海东方龙新媒体公司归纳自身用户时，将其分为时尚潮流一族和年轻人。新媒体的用户在消费能力较高、时尚化、年轻化的人群上高度集中。年轻一代已然成为消费的主力军、时尚的领导者，是忠诚的互联网一代。对于他们而言，网络已经成为生活的一部分。

数字媒体技术之所以广受年轻受众的青睐，主要原因有以下几点：

（1）自由选择

“能够让人自主地对更丰富的信息进行享受”，这是数字媒体技术宣称的一大诱人功能。数字电视对自己进行标榜，称自己将成为名副其实的信息家电。由于采用了双向信息传输技术，增加了更多的交互能力，电视也具备了众多新功能，如远程医疗、远程教学、网上购物以及视频点播等。移动媒体则高唱“娱乐无处不在”。网络媒体对众多网络技术、软件进行利用，从而让个人能够掌控媒体，让每个人都能成为受者与传者，基于此，播客等网络自媒体的发展呈燎原之势。经此对比，传统媒体的功能就显得格外单调、缺乏自由性。而受众真正想要的、需要的，或许就是更多地控制阅听时间，能够在更大范围内进行娱乐选择。数字媒体技术应当能够将这种自由控制带给受众，让个人能够更加自由地控制节目的次序与时间安排，而不会增加任何复杂性。

（2）交互享用

互动是媒体技术应用的本质之一。如果服务缺乏互动，或者未能对互动功能进行充分发挥，必然会影响传受效果。对于传统的报刊、电视而言，用户与用户之间、用户与经营者之间存在沟通不良的问题，未能形成真正的网络社会。部分用户之所以向新媒体转移，其原因在于对互动性存在需求。现如今，不断增加的带宽将基本消除数字媒体在互动性发挥方面的制约瓶颈，数字媒体技术对用户进行吸引的招聘，将成为以互动为核心的各种服务。

从上述阐述中，我们可以看出，数字媒体技术满足了年轻受众对信息搜集、资源共享、自由表达等的需求，也必然受到年轻人的欢迎。虽然目前数字媒体技术的受众主体仍然是以年轻受众为主，但是，随着数字媒体技术与服务的不断发展与提升，数字媒体的受众范围与层次也在不断扩大及深化，这也促进了数字媒体技术的进一步发展。

三、受众的需求

不管新技术将何种新功能增添给数字媒体，“为人所用”仍然是其存在的最终目的。受众是数字媒体的使用者，其所扮演的角色并非简单的信息接收者，当前，任何组织、任何个体都有成为传播主体的可能。革新后的技术能否引领媒体消费方式的变革，主要取决于技术和人的潜在需求、现实需求是否相符，能否将新的便利与实惠带给人们。

数字媒体技术相较于传统媒体有着十分明显的优势，如交流零距离、丰富、自由、便捷等。通过自身丰富多样的形式，数字媒体技术对受众的不同需求予以满足。

（一）娱乐需求

人们每天都在繁忙地工作、生活，因而格外希望能利用零碎的时间进行休闲娱乐，让自己时刻紧绷的神经得到舒缓与放松。所以，人们在娱乐方面的需求，可挖掘的空间是无限的。人的天性就是玩耍，人最原始的生活方式之一也是玩耍。虽然人的社会化程度越来越高，但是却越来越难以满足自身这种原始需求。而新媒体则刚好具备能对人们娱乐需求加以满足的客观条件。对于不同的媒体，受众的期待与要求也有所不同，他们更多地从“简单、生动、轻松”三方面对数字媒体技术提出要求，渴望利用数字媒体技术收获更多娱乐效果。某种意义上，数字媒体技术属于娱乐媒体技术。例如，从接收方式来看，手机媒体技术本身就体现出娱乐性，人们能够在手掌之中自由自在地掌握信息。

（二）实用需求

实用需求终将取代猎奇需求。最开始，人们出于好奇接触了数字媒体技术，然而“好奇”心理往往不会持续太久，因为人们总会熟悉数字媒体技术，对其感到司空见惯。然而，如果数字媒体技术具有实用性，即便人们不再对其感到好奇、新鲜，也不会轻易将其抛弃。而当人们养成了使用数字媒体技术的习惯，反而会对其产生依赖。因此，立足长远而言，实用需求终将成为人们对新媒体的主要诉求，对猎奇需求进行取代。

第二节　数字媒体技术创新的发展趋势

一、数字媒体技术创新的网络融合

媒体发展的根本性变化来自不同技术的融合，同时，媒体管理和运营也因不同技术的融合面临新的要求。对未来丰富多彩的信息传播方式加以展望，能够将更为丰富、更高质量的生活前景带给人们，因此，首先要完成的就是网络融合这一目标。

网络融合主要包括内容、终端、网络之间的纵向融合，以及固定和移动、无线和有线、电信和广电所构成的横向融合。

实际上，三网融合是一种社会化、广义的说法，并未得到公认的明确定义。当前存在一种较为普遍的说法，认为“三网”融合指的是交换数据的计算机网、传播音视频业务的广播电视网、承载语音通讯的电话网，通过建设改造，成为下一代互联网、数字广播电视网、宽带通信网，能够同时承载多种服务，从而达成利用同一网络，提供数据、视频、语言等多种业务的目的。三网融合有着如下表现：政策和行业管制逐渐趋向于适应网络融合的趋势；业务上互相交叉、渗透；网络上互联互通；技术上趋向一致。

（一）网络融合的形成条件

信息传播往往受到时间、空间的限制，而消费者又对信息有着即时即地的需求。网络融合就是要打破这一限制，满足消费者的需求。同时实现信息传输的交互性和信息接收的移动性，这就要求信息传输具有交互功能和连通性，最终将不同服务领域的互联网、广电网、电信网进行融合。

（1）在核心技术上，互联网、广电网、电信网已经发展得较为成熟，同时彼此影响，越发具有一致性，这也使得三网融合基本具有相应的技术条件。其中，软件技术、光通信技术、数字技术是推动三网融合的三大技术。

（2）数字新媒体技术（如移动通信、数字电视、互联网等技术）形成的媒体用户能够提供巨大的市场空间，且其增长潜力巨大，能够将巨大的产业空间提供给网络融合。

（3）手机、网络电视、数字电视以及互联网发展迅猛，而这些服务所属的电信与广电之间也有着日益激烈的竞争，这就为融合提供了内在驱动力。如果不进行网络融合，将会因网络的割据分治局面而形成网络互联的屏障，造成资源的浪费。

（4）一旦技术条件得到成熟，制定相应的、适当的政策，便能提升网络融合的速度。

（二）网络融合的演进

对于世界上的各个国家来说，网络融合是一个全新命题。三网融合的发展趋势显然是不可逆转的，20 世纪 90 年代末，亚太、欧美各国为适应这一趋势，就已开始在操作上、政策上对三网融合的实践与研究加以推进。21 世纪初，以 IP 电话的网关功能分解思想为基础，电信界提出了核心为软交换的下一代网络体系架构，这便是早期的下一代网络（NGN）。NGN 的贡献可谓是革命性的，它不再采用传统的垂直业务提供模式，转而使用承载、控制、业务与接入相分离的分层体系结构，因此，极大地有利于新业务的有效提供和快速开发，能够支持图像、数据、语音等多媒体业务。

各国普遍采用了分步实施、循序渐进的发展思路，在实际的网络融合进程中对三网融合予以推进。例如，从整体来看，美国的政策变化大概经历了四个阶段：第一阶段，1990 年之前，联邦通信委员会（FCC）为对新生的有线电视业进行保护，避免在有线电视领域中垄断的电信公司开展不正当竞争，禁止电信公司对有线电视（CATV）进行跨业经营；第二阶段，1990 年初，经过纵向整合后，CATV 业变化很大，FCC 允许电信公司进入视频节目服务市场，与 CATV 竞争；第三阶段，1992—1995 年，FCC 陆续接到大型电话公司对在自己经营区域开展视频信号服务的申请，并对其进行核准，有线电视公司开始和电话公司展开竞争；第四阶段，1996 年后，美国对联邦通信法进行修改，有线电视和电信公司正式相互开放市场。

总的来说，网络融合由自成体系转变为开放体系，由资源垄断转变为资源共享，由单形态转变为多元形态。三网融合这一工程无疑是巨大的，唯有在所有网络体系结构相同、运营和管理体制相同、技术体制相同的基础上，才能出现统一网络，才能真正完成三大网络的融合。

三网融合后诞生的融合网络，必将是一个有着齐全的业务、强大的功能，能够覆盖全球的信息服务网络，是全球一体化的多媒体、宽带、综合通信网。其结构应该是一个完整、统一的结合体系，将图像、数字、语音等综合的多种服务提供给身处全球任一地点、采用任何终端的用户。这一全球网络是将 IP 技术作为基础，集语音、数据文字、图像视频于一体的综合网络。网络融合已成为国家经济发展的原动力。

（三）网络融合的趋势与发展方向

下一代网络接入分离、承载、控制、业务的思想将统一的架构提供给了未来的网络融合。网络融合包括多个方面，如运行融合、终端融合、接入网络融合、核心网络融合、业务融合等。未来融合网络将有着如下发展趋势：在核心控制层对 IP 多媒体子系统进行采用，在核心承载层对互联网协议 / 多协议标记交换（IP/MPLS）技术进行采用，在业务层对统一开放的业务提供架构进行采用，在接入层为多种接入技术（如宽带、窄带、移动、固定等）提供支持。终端则展现出智能化、多模化趋势，最终使一个核心网络、一个账单、一个终端、一个号码、一个用户随时随地享受的全业务模式得以实现。

在技术、竞争、市场的作用下，媒体间相互融合的趋势逐步显现，在发展到一定临界点的时候，原有的规制必然约束融合的发展，特别是在数字新媒体领域，各种技术的融合及网络的融合需要新的规制，进而规制发生冲突，顺应和推动融合的发展。

垄断行业中包括电信业、广电业，这两种行业都有着稀缺性资源，因而融合对利益、空间、资源的重新划分有所涉及，加之电信业、广电业已经固化了自身独立发展的轨迹，因此，这种割据垄断的行业格局成了网络融合的最大屏障，各自的利益也成了最难突破的瓶颈。

网络的发展方向必然是趋于融合的，也必然会适应媒体融合的大趋势。世界各国的网络运营都将逐步以适应媒体融合为发展主题。对于中国的网络融合而言，情况异常复杂，不仅仅存在物理技术上的网络对接问题，还存在更为重要的行业属性问题。此外，因为不同产业之间有着不均衡的发展，存在较大差异，现有体制与市场、技术的需求无法完全适应，所以在中国，实践中的三网融合进展较为缓慢，这需要国家合理的政策与法规的帮助与引导。

近年来，针对三网融合工作，中国政府予以极高的重视。2006年，在《国民经济和社会发展第十一个五年规划纲要》中，我国明确指出，要对下一代互联网、数字电视网、宽带通信网等信息基础建设进行加强，对三网融合进行推进。可以看出，我国已将三网融合作为一项重要国策，旨在加速推进实现信息化进程。

当前，网络服务发展以“三网融合”为必然趋势，同时，全球技术服务创新也以“三网融合”为重要领域。网络融合不仅代表着更广泛、更高速、更简便的网络发展方向，也意味着更丰富、更高效的内容以及更体贴的服务。

二、数字新媒体技术创新的终端融合

终端融合的含义主要有两个方面：第一，数字终端设备的融合；第二，数字终端设备融合后，引起的服务平台、信息平台的融合。

（一）终端融合的形成条件

终端设备的融合以及终端服务的融合构成了终端融合。设备的融合包括两个层次：一是指硬件和技术的融合；二是特定的内容和服务与特定的终端设备融合，从而提供包含着各种特定服务的综合终端设备。除此之外，终端融合的第三种形态可以是终端生产商按照标准联盟的方式进行的融合生产。

（1）伴随媒体终端设备对数字技术的广泛应用，各类数字新媒体终端在其他网络快捷、方便的登录上也获得了技术基础。无论对哪一类数字终端进行利用，用户都能跨网络对服务与内容进行获取。只要选择一家网络运营商，用户就能方便的享受互联网、电信网、广电网提供的海量内容的服务。

（2）终端融合以家庭终端需求和个人终端需求为巨大市场引力。全球性的家电、IT产品、软件技术、电子等行业的垄断巨头在原本领域的竞争已经到了一个饱和的极限，都在寻求新市场空间的突破。媒体的融合，也就成为各领域行业巨头进行新一轮市场扩张的必然趋势。

（二）终端融合的演进

最开始，终端融合是1996年前后出现的“3C融合”概念，主要体现了硬件的产品端，包括消费类电子产品、计算机、电信的三合一。它是指利用数字信息技术激活其中任何一个环节，并通过某种协议，使消费电子产品、通信、计算机三者之间的信息资源共享与互联互通得以实现。

在很多方面都能体现出终端融合，现如今，有两个较为清晰的层面能对终端融合进行呈现。第一为应对各种通信网络融合的终端融合趋势，比如，在手机终端中，运营商对宽带、固话接入服务进行提供，从而使复合型手机实现移动融合业务，如此一来，客户只要拿着这种复合型手机终端，就能获得所有领域的通信服务；第二为把其他领域的新功能增加到通信终端的融合趋势，如最大限度地将计算机和电视的优势相结合，这代表着终端在娱乐、信息等方面实现了互通、共享，当电视机融合了计算机功能后，其就拥有了 IP 产品、消费类电子以及电信终端的特征。这两种趋势还可能同时体现在一种终端上。比如，在手机终端中，再加载互联网浏览、视频接收、定位等服务，同时又融合商务通和媒体播放器的功能，使构成的智能手机具备了通信、信息处理和媒体接收与播放等综合数字终端。这种整合互通性随着技术及应用交叉性的增强，信息终端与其他终端产品的互通整合将成为一种趋势，最终实现各种不同的信息终端之间互联互通，资源共享。

当前，在家电、通信产业，最明显地表现出终端融合。除此之外，伴随终端整合互通性快速发展，终端队伍将得以精简，部分终端不再存在于应用舞台，会被有着极强互通性、兼容性的多功能一体化数字终端设备取代。

（三）终端融合的趋势与发展方向

标准的统一是终端融合的关键。当前，因为终端融合尚在发展初期，因此，形成对标准的抢夺和市场博弈的激烈纷争场面是在所难免的，内容供应商、网络运营商、终端设备生产商以及各类技术联盟都展开了对标准的争夺。虽然目前已经形成了几个标准联盟，但是各类标准之间的冲突还是阻碍了融合的进程。

伴随融合的进一步发展，多个标准联盟会逐渐趋同。一方面，政府需要对这种趋同进行引导；另一方面，这种趋同也需要市场的博弈，要在对上述两方面的平衡进行寻求与探索的过程中，对解决的途径进行明确。

在未来，国家对标准取向进行确定时，不应遵循封闭原则，而应坚持开放原则，也就是不能单纯将防止全球标准的入侵作为目标，而是应当将面向全球的竞争力作为目标。

第三节　数字媒体技术创新的路径探索

步入“互联网 +”时代，数字媒体的商业模式、应用、平台、技术，都在飞速地发生改变，也将对人们的医疗、教育、交流、生活、工作方式进行全面改变。在未来，将不再存在电视频道，用户再也不用使用遥控器。电视屏幕会成为一种平台，方便用户与媒体中心交互；同时，它也会成为家庭的控制终端、社交窗口、娱乐中心，成为一种可视的实用工具，从而对用户更多的感官感受进行满足。在新科技的应用下，未来媒体的运营模式将会发生改变，将强化与各种网络的联系、与其他设备的结合、与互联网的结合以及与数据应用的结合。

一、与数据应用结合

随着移动互联网网民规模不断增大，移动应用程序不断涌现，互联网用户使用智能手机与平板计算机的时间不断增长。毋庸置疑，许多数字服务的主要接入点已然变为移动应用，在未来，媒体将与数据应用有更多的结合。电视观众将向用户转变，电视频道也将向视频 App 产品转变，就像手机端的各类 App 应用一样，以用户思维为基础不断进行更新、迭代，将个性化的最佳体验提供给用户，对最大量的用户群体进行积聚，因为商业运营的实现必须以规模用户为基础。

二、与互联网结合

NHK 日本广播协会对 Hybridcast 技术（混合广播和宽带系统）进行采用，既能在电视屏幕上展示电视节目信息，又能在类似平板、智能手机等第二屏幕上展示电视节目信息，将节目推荐业务、社交电视业务、多屏连接业务以及个性化节目业务提供给用户。韩国 OHTV 技术（Open Hybrid TV）对公共互联网加数字电视（DTV）方式进行了采用，将以广播为基础的集内容 / 应用商店、互联网、TV 于一身的智能电视（Smart TV）提供给用户，如苹果的 iTV、谷歌的 Google TV 等。苹果，这一智能终端的巨头，已经开始对具有宽带和无线能力的电视机 iTV 的运营合作伙伴进行寻找，期望能在未来对苹果电视机进行运营。

受到互联网影响，信息不再碎片化、不对称化，因而我们应当将传统电视转播向运营转型，将渠道向平台转型。基于移动环境、服务、关系、内容的交融，让移动媒体的平台变为一种趋势。数字媒体技术与互联网的结合，能够将更简化的操作接口提供给用户。信息通信网络宽带的泛在化以及视频的跨界互动、多屏分发，将对新的商业模式进行开发，同时有利于个性化媒体消费趋势的发展。

三、与各种网络的联系

家庭数字生态系统中的诸多设备，在同一张三维网络中完美地联系着服务、人、物，一步步实现与服务网、移动网、互联网的整体互联互通，实现数据积累、行为匹配，使媒体终端从功能向情境及智能感知转变。电视的收视终端将迎来全面智能化，也许会对内容形式以及观众的行为习惯进行全面颠覆。如智能手机、PC/PAD、各类液晶屏、智能机顶盒、智能电视机等都会变为媒体收视终端。用户也将看到其他传感器、可穿戴设备，领域涉及家庭控制（家庭保安控制、娱乐系统控制、能源控制、灯光控制等）、健康监测。

此外，用户还能对废弃的智能手机进行再利用，使其成为高性能家庭自动化 / 监测系统，如将 Android 智能手机作为婴儿监视器使用，不仅能让客户体验得到提升，还可以创造新收入，或者直接使一些新的东西诞生出来。现如今，平板电脑、手机成为移动互联网终端，而在未来，万物都能成为移动互联网的终端，这一时代终会到来。

参考文献

[1] 吴莹莹，王睿．数字交互艺术特征分析及价值体现 [J]．中国传媒科技，2022（06）：64–66，79．

[2] 廖珍珍，周倩．数字媒体下公共艺术与空间环境设计研究 [J]．大观，2022（06）：120–122．

[3] 裴昊．数字媒体技术在动画设计中的创新性研究 [J]．华东科技，2022（06）：113–115．

[4] 潘家芳．数字媒体时代提高人才培养质量的策略思考——基于图书馆的视角 [J]．玉林师范学院学报，2022，43（03）：136–140．

[5] 裴晓．数字媒体技术在工业设计中的应用 [J]．现代工业经济和信息化，2022，12（05）：148–149．

[6] 耿强．数字媒体技术与虚拟现实技术的融合 [J]．数字技术与应用，2022，40（05）：31–33．

[7] 孙昊．智媒视域下 VR 技术在数字媒体信息传播中的应用 [J]．数字技术与应用，2022，40（05）：78–80．

[8] 陈伟．试析数字媒体艺术的创新及发展 [J]．数字通信世界，2022（05）：167–169．

[9] 耿永鑫．数字媒体影响下的视觉传达设计研究 [J]．大观，2022（05）：100–102．

[10] 陆艳．数字媒体产教融合创新应用型人才培养研究 [J]．西部广播电视，2022，43（09）：47–50．

[11] 吴婧．数字媒体技术对现代艺术设计的具体思考分析 [J]．明日风尚，2022（09）：137–140．

[12] 江峰．数字媒体技术在舞台美术设计中的应用研究 [J]．艺术大观，2022

（13）：88–90.
[13] 于敬卓. 数字媒体时代多媒体终端的人机交互方式新发展 [J]. 数字技术与应用，2019，37（09）：232，234.
[14] 李永利. 互联网时代下的数字媒体应用技术发展及应用探讨 [J]. 中国新通信，2022，24（08）：81–83.
[15] 朱悦. 数字媒体时代的发展趋势和应用探讨 [J]. 电脑知识与技术，2022，18（10）：127–128.
[16] 刘玮. 数字媒体技术在现代动画设计中的应用 [J]. 鞋类工艺与设计，2022，2（03）：62–64.
[17] 马莉. 数字媒体技术与文创设计融合的分析 [J]. 艺术品鉴，2022（03）：89–91.
[18] 黄平伟. 影视动画后期制作中数字媒体技术的应用 [J]. 科技资讯，2022，20（02）：13–15.
[19] 胡胜红，周刚，陈婕. 数字媒体技术仿真实验教学的实践与思考 [J]. 福建电脑，2022，38（01）：108–111.
[20] 荣琪明. 数字媒体环境下游戏与电影的跨界融合研究 [J]. 电视技术，2021，45（12）：4–6.
[21] 刘梦雅. 数字媒体时代下电子游戏艺术的影像性研究 [J]. 工业工程设计，2021，3（06）：71–76.
[22] 许宏波. 从 5G 技术谈数字媒体艺术的创新发展策略 [J]. 艺术市场，2021（12）：92–93.
[23] 沈晖. 数字媒体艺术的表现特征及应用探索 [J]. 文化产业，2021（31）：73–75.
[24] 冯长林. 全媒体时代下数字媒体技术的创新研究 [J]. 新闻文化建设，2021（20）：139–140.
[25] 金源昊，高贵平. 解析数字媒体技术背景下设计的发展与创新 [J]. 电脑知识与技术，2021，17（07）：197–198，207.
[26] 熊林，高贵平. 数字媒体时代的发展趋势和应用探讨 [J]. 电脑知识与技术，2021，17（07）：208–209.

[27] 郑畅．基于新数字媒体技术下游戏的发展与创新思考 [J]．文化产业，2021（03）：159–160．

[28] 李玲婷．融媒体背景下的数字媒体技术的创新与发展策略 [J]．声屏世界，2020（21）：12–13．

[29] 孔维玉．数字媒体时代下三维动画的发展研究 [J]．传媒论坛，2020，3（18）：33，35．

[30] 张凤全．数字媒体技术课程建设思考与探讨 [J]．课程教育研究，2020（26）：31–32．